KB069020

철도 비상 시 조치 II

과천선(KORAIL) VVVF 전기동차 고장 시 47개 조치법

원제무 · 서은영

박영사

머리말

철도기관사가 운전 중 전기동차가 고장이라도 나면 참으로 난감해진다. 어떻게 하지? 무엇이 잘된 것일까? 관제실에 연락을 해야 하나? 하는 등 순간적으로 수없이 많은 질문이 튀어 나오기 마련이다. 이럴 때 '고장 시 조치법'을 하나 하나 알아 놓고 제대로 익혀 두었다면 전혀 당황하거나 긴장할 필요가 없을 것이다. '철도 비상 시 조치'는 기관사에게 철도 고장 시에 자신 있게, 그리고 효과적으로 대처하는 방법을 알려 주는 과목이다.

'철도 비상 시 조치'책은 수많은 '고장시 조치'와 관련된 배경적 지식, 전문성, 그리고 마음과 생각의 결이 자장 잘 드러나 있는 공간이라고 해도 과언이 아니라고 하겠다. 우선 철도 비상 시 조치라는 과목을 집필하면서 전동차 구조 및 기능, 도시철도시스템, 운전이론, 철도운전규칙 등을 아우르는 안목과 지식이 필요하다는 깨달음을 수없이 얻게 된다. '비상 시 조치'와 관련된 과목에서 탄탄한 기초를 쌓으면서 열정으로 불타는 다리를 건너 넘어와야 비로소 '철도 비상 시 조치'에 다다를 수 있다는 것을 철도와 관련된 여러 책을 쓰면서 알게 되었다. 다시 말하면 철도의 과목 별로 저자의 내공이 구석 구석 스며들어 있어야 철도 비상 시 조치에서 저자 스스로 그 연계성에 긴 호흡의 숨결을 느끼게 되는 것이다. 즉 저자의 입장에서는 그동안 다른 과목에서 전문지식을 풀어내며 글을 쓴 긴 여정에서 막바지에 회포를 푸는 심정이라고나 할까?

그래서 '철도 비상 시 조치'는 철도차량운전면허 시험과목의 결정판이라고 할 수 있다. '철도 비상 시 조치'라는 책을 마주하게 되면 철도기관사가 철도 운전 중에 일어날 수 있는 비상상황에 대비 대처하는 능력을 길러 주는 길로 접어든다는 느낌을 받게 된다. '비상 시 조치'과목은 세 가지 영역으로 나누어진다. '비상 시 조치' 과목은 첫째, 4호선 VVVF 전기동차 고장 시 45개 조치법, 둘째, 과천선(KORAIL) VVVF 전기동차 고장시 47개 조치법, 셋째, 인적 오류와 이례상황으로 구성되어 있다.

그럼 '고장 시 조치'가 왜 필요할까? 수험생이 '고장시 조치'를 공부하는 목적은 세 가지이다. 우선 '비상 시 조치(20문제)'라는 필기시험 과목에 합격하기 위해서이다. 또 한 가지 중요한 목적은 필기시험 합격자에 한해 치러지는 기능 시험에 대비하기 위해서 필요하다. 이는 고장시 조치법을 상당 부분에 걸쳐서 이해하고 있어야 실제 시험장에서 기능시험(실기)을 볼 때 효과적으로 대처할 수 있기 때문이다. 마지막으로 '고장시 조치법'을 터득해야 궁극적으로 전기동차 운전 시에 안전하고 효율적인 운전할 수 있게 된다는 점이다.

여기서 철도차량운전면허 기능시험 장면을 떠올려 보자. 기능시험은 운전실(전기능모의운전실 또는 실제 차량) 내의 평가관이 수험생 옆에서 수험생에게 집중적으로 구술평가 질문을 하는 시험 방식이다. 수험생은 긴장하여 운전하느라 정신이 없다. 그런데 평가관은 쉴 새 없이 지속적으로 날카로운 질문을 던진다. "전체 팬터그래프 상승 불능 시 조치는 어떻게 해야 할까요?", "주변환기(C/I)고장 시 조치는?", "교직절환 후 주차단기(MCB) ON등이 계속 점등 시 어떻게 해야 할까요?", "교류피뢰기 동작 시 현상과 조치는 어떻게 되죠?" 수험생이 이런 평가자의 예상질문에 능숙하게 답변하려면 '비상시 조치'에 대해서는 충분한 이해를 바탕으로 머릿속에 하나 하나를 모두 집어 넣고 있지 않으면 안 된다.

'비상시 조치'과목은 20문제가 출제된다. 기출문제의 출제경향을 보면 4호선과 과천선에서 모두 10문제 정도가 나온다. 나머지 10문제는 인적 오류와 이례상황에서 출제된다. 이 책을 통해 철도 분야에 입문하는 학생, 수험생, 철도종사자, 철도관련 자격증 및 철도차량 운전면허 준비자, 승진시험을 준비하는 철도 종사자 등이 '비상 시 조치'라는 시험과목에 우수한 성적으로 합격하게 된다면 저자들로서는 이를 커다란 보람으로 삼고자 한다.

이 책을 출판해 준 박영사의 안상준 대표님의 호의에 항상 감사를 드린다. 아울러 이 책의 편집과정에서 보여준 전채린 과장님의 격조 높은 편집과 열정에 마음 깊은 고마움을 느낀다.

저자 원제무·서은영

차례

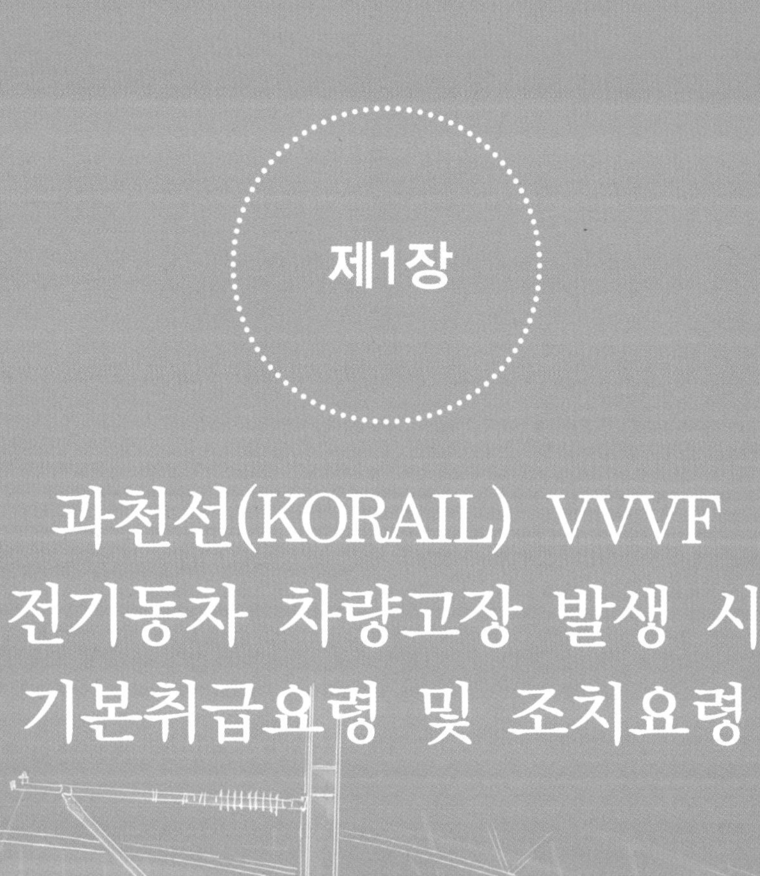

제1장

과천선(KORAIL) VVVF 전기동차 차량고장 발생 시 기본취급요령 및 조치요령

제1장

과천선(KORAIL) VVVF 전기동차 차량고장 발생 시 기본취급요령 및 조치요령

[과천선(KORAIL)전동차]

■ ESK(Extension Supply) : TC의 SIV고장 시
M'car가 제어하는 SIV를 연장급선해주는 접촉기
ESK는 각 T 차에 있다.
■ MT(주변압기) : AC25,000V → 1,800V 음으로 다운시킴
컨버터에서 DC 만들어서 인버터로 보낸다

[과천선(KORAIL) VVVF 전기동차 회로도]

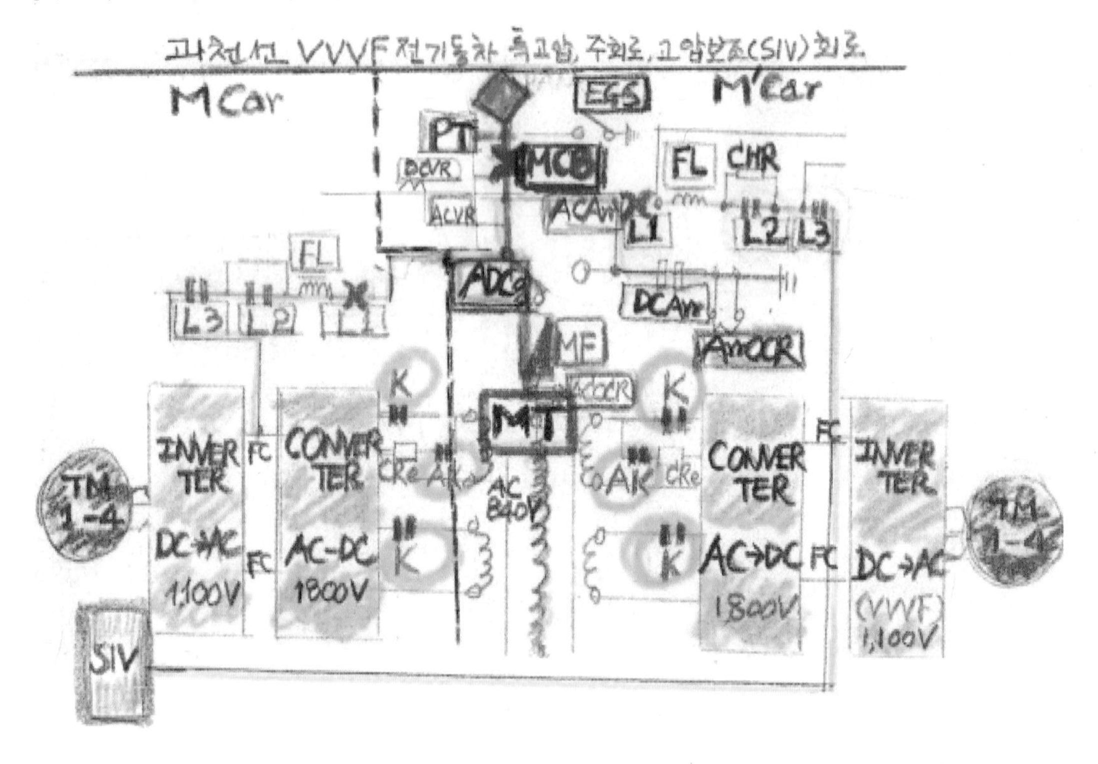

1. 전동열차 운행 중 고장 발생 시 유의사항

① 운전실 이석 시 제동제어기(BC)핸들 취거 및 마스콘(MC) 키를 취거, 휴대할 것(차가 움직이거나, 전기가 통할 수 있으므로 반드시 취거할 것)

② 제동제어기(BC)핸들 삽입 시에는 7단 제동 확인하여 비상제동을 해방할 것(1칸: 비상위치, 2칸: 7단 위치)(7단 제동: EMV, EVM(Emergency Magnet Valve)만들어 준다))

③ 기기를 취급할 때는 상태, 명칭을 확인 후 취급

④ 회로차단기(NFB: No Fuse Breaker)(전기가 일정 A(암페어) 이상 시에는 자동차단된다)는 필요에 따라 OFF－ON하여 볼 것

⑤ 제동관계 조치를 하였을 때는 반드시 제동시험을 할 것

⑥ 차체 하의 고압기기에는 접촉하지 않도록 주의할 것

2. 차량고장 발생 시 기본취급요령

① 모니터 및 고장표시등을 통한 고장사항 상태확인

② MCBOS → RS → 3초 후 MCBCS(4호선: Reset 먼저하고 MCBOS → RS → 3초 후 MCBCS)
(TCU들어가서 기본 세팅하는 데 3초 필요)

③ Pan하강, 제동제어기(BC) 핸들 취거 → 10초 후 재기동
※ 재기동 전 조치사항(ECON ON, 차장통보, 승객안내방송, 출입문 폐문)

④ 고장차 배전반 관련 회로차단기 및 스위치 확인 및 복귀

⑤ 원인 파악 후 고장차량 차단(VCOS취급) 또는 완전부동취급 후 연장급전

> **[MCBCS 및 재기동 시 시간적 여유를 두는 이유]**
>
> ① 3초 후 MCBCS: 리셋 입력 시에 주변환기(C/I)내 무접점제어장치(떨어진 상태가 아님)인 TCU초기설정 시간 필요
> ② 10초 후 재기동: OVCRf(과전압방전사이리스터) 점호 및 게이트 전원 고장 후 5초간 기기의 손상방지를 위해 주회로의 충전 차단

[고장 발생 시 기본취급 요령]

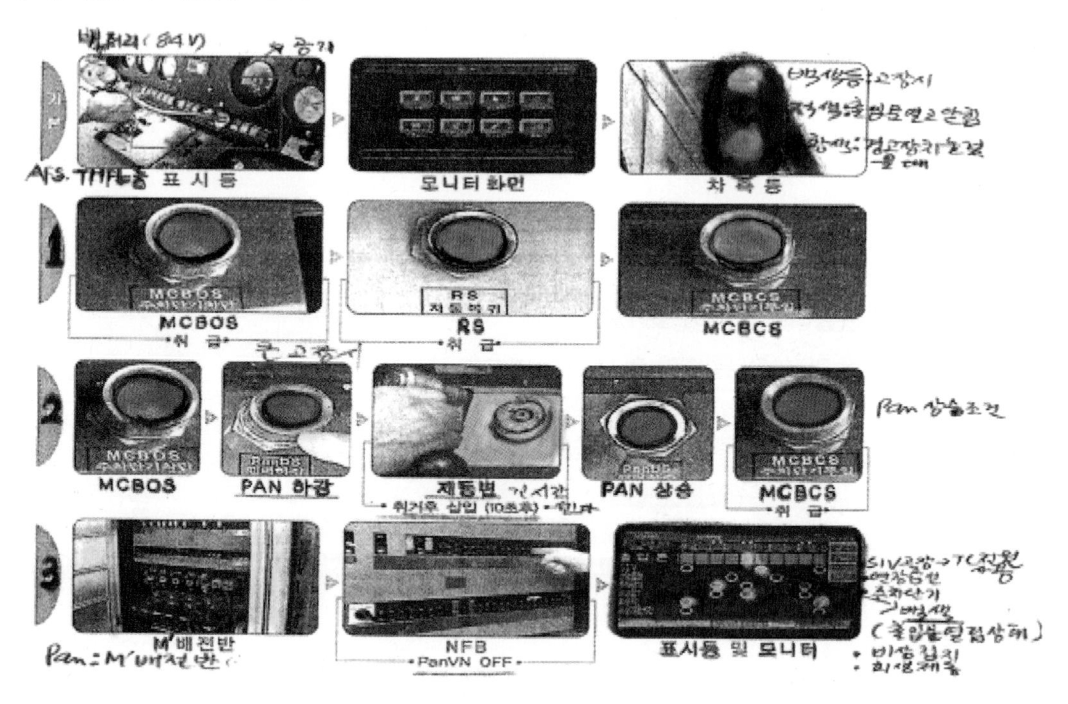

3. 고장 발생 시 조치요령

① 고장차량의 차호, 차측등, 모니터 등의 상태를 정확히 기록(차측등 고장 시: 백색등)
② 모니터로 고장상태 확인
③ 모니터 운전상태 화면에서 고장발생화면으로 최초 현시 → 확인부분 터치
④ 고장항목화면으로 전환 → 처치부분을 다시 터치하면
⑤ 고장처치화면으로 최종 전환되므로 단계적으로 취급
⑥ 고장처치화면에 접근하여 조치

예제 **다음 중 과천선 VVVF전동차 차량고장 사고 발생 시 기본취급 요령에 대한 설명으로 틀린 것은?**

가. MCBOS → RS → 3초 후 MCBCS
나. Pan하강, 제동제어기(BC) 핸들 취거 → 5초 후 재기동
다. 고장차 배전반 관련 회로차단기 및 스위치 확인 및 복귀
라. 원인 파악 후 고장차량 차단(VCOS취급) 또는 완전부동취급 후 연장급전

해설 'Pan하강, 제동제어기(BC) 핸들 취거 → 10초 후 재기동'이 맞다.

예제 **다음 중 과천선 VVVF전동차 차량고장 사고 발생 시 기본취급 요령에 대한 설명으로 틀린 것은?**

가. 고장차량 차단(VCOS취급) 또는 완전부동취급 후 연장급전
나. Pan하강, 제동제어기(BC) 핸들 취거 → 10초 후 재기동
다. MCBOS → VCOS → RS → 3초 후 MCBCS
라. 고장차 배전반 관련 회로차단기 및 스위치 확인 및 복귀

해설 'MCBOS → RS → 3초 후 MCBCS'가 맞다.

예제 **과천선 VVVF전동차 차량고장 사고 시에 고장차량 차단 및 완전부동 취급 후 연장급전한다.**

정답 O

예제 **다음 중 과천선 VVVF전동차 차량고장 조치에 대한 설명으로 틀린 것은?**

가. DCArr 동작 시 Pan 상승 순간 단전

나. MFs용손 시 완전부동 취급

다. 낙뢰에 따른 서지(surge)전압 발생 시 ACArr 동작

라. MCB 양소등은 1개 유니트 MCB투입 불능

해설 DCArr 동작 시 MCB 투입 순간 단전

제2장

차측등 및 VCOS·
완전부동 취급

차측등 및 VCOS·완전부동 취급

1. 차측등 및 VCOS

조치 1 차측등 및 VCOS(Vehicle Cut-Out Switch)

가. 고장발생 시 Fault등 및 백색 차측등 점등되는 경우 (외울 것!)

[7개 Fault등 점등 조건]

① 공기압축기 고장으로 EOCR(Emergency Over Current Relay: 비상과전류계전기) 여자 시

② SIV고장으로 SIVFR(SIV Fault Relay: SIV중고장계전기) 여자 시

③ 주변환기 고장으로 CIFR(C/I Fault Relay: 주변환장치고장계전기) 여자 시

④ L1차단기 차단으로 L1FR(L1 Fault Relay: 차단기고장계전기) 여자 시

⑤ 교류모진 및 MCB 절연불량으로 ArrOCR(Arrester Over Current Relay: 피뢰기과전류계전기) 여자 시

⑥ 주변압기 1차측 과전류에 의한 ACOCR(AC Over Current Relay: 교류과전류계전기) 여자 시

⑦ 주변압기 계통 고장으로 인한 MTAR(MT Aux. Relay: 주변압기보조계전기) 여자 시

[학습코너] Fault등 및 백색 차측등 점등되는 경우

1. TC차
   - ECOCR 여자 ↔ 공기압축기 고장
   - SIVFR 여자 ↔ SIV고장

2. M, M′차
   - CIFR여자 ↔ 주변환기 고장
   - L1FR여자 ↔ L1차단기 트립
   - ArrOCR 여자 ↔교류모진
   - MTAR 여자 ↔ 주변압기 계통 여자

※ Fault등 점등 조건(7개)을 기술하시오" 문제가 자주 출제된다.
※ 4호선: 중고장표시등, 과천선: Fault등

예제 다음 중 Fault등 및 백색 차측등 점등되는 경우가 아닌 것은?

가. CIFR여자 ↔ 주변환기 고장
나. BMFR여자 ↔ 송풍기차단기 트립
다. ArrOCR 여자 ↔교류모진
라. MTAR 여자 ↔ 주변압기 계통 여자

해설 'BMFR여자 ↔ 송풍기차단기 트립'은 Fault등 및 백색 차측등 점등되는 경우가 아니다.

예제 다음 중 과천선 VVVF전동차 고장 발생 시 백색 차측등 점등되는 경우로 틀린 것은?

가. 주변환기 고장으로 SIVFR 여자 시
나. 교류모진 및 MCB 절연불량으로 ArrOCR 여자 시
다. 주변압기 계통 고장으로 인한 MTAR 여자 시
라. 주변압기 1차측 과전류에 의한 ACOCR 여자 시

해설 '주변환기 고장으로 CIFR 여자 시'가 맞다.
백색차측등: ECOCR 여자, SIVFR 여자, SIV고장, CIFR여자, L1FR여자, ACOCR여자, ArrOCR 여자, MTAR 여자

예제 **다음 중 과천선 VVVF전동차 고장발생 시 백색 차측등 점등되는 경우로 틀린 것은?**

가. SIV고장으로 SIVFR(SIV Fault Relay) 여자 시

나. 교류모진 및 MCB 절연불량으로 ArrOCR 여자 시

다. 교류모진 및 MCB 절연불량으로 ArrOCR 여자 시

라. DCArr 및 SIVFR 동작 시

해설 'DCArr 및 SIVFR 동작 시' 백색 차측등이 점등되지 않는다.

예제 **다음 중 과천선 VVVF전동차 고장 발생 시 백색 차측등 점등되는 경우로 틀린 것은?**

가. DCArr 및 ArrOCR 동작 시

나. ACOCR 및 SIVFR 동작 시

다. CIFR 동작 시

라. L1FR 및 MTAR 동작 시

해설 'DCArr 및 ArrOCR 동작 시'는 고장 발생 시 백색 차측등 점등'되는 경우가 아니다.

[과천선 VVVF전동차 고장 발생 시 백색 차측등 점등되는 경우]

① 공기압축기 고장으로 EOCR 여자 시

② SIV고장으로 SIVFR(SIV Fault Relay) 여자 시

③ 주변환기 고장으로 CIFR(C/I Fault Relay: 주변환장치고장계전기) 여자 시

④ L1차단기 차단으로 L1FR(L1 Fault Relay: 차단기고장계전기) 여자 시

⑤ 교류모진 및 MCB 절연불량으로 ArrOCR 여자 시

⑥ 주변압기 1차측 과전류에 의한 ACOCR 여자 시

⑦ 주변압기 계통 고장으로 인한 MTAR(MT Aux. Relay: 주변압기보조계전기) 여자 시

예제 **다음 중 과천선 VVVF전동차 고장 발생 시 백색 차측등 점등되는 경우로 틀린 것은?**

가. 주변압기 계통 고장으로 인한 MTAR 여자 시

나. 주변압기 1차측 과전류에 의한 ACOCR 여자 시

다. 공기압축기 고장으로 ECOCRN 트립 시

라. 주변환기 고장으로 CIFR 여자 시

해설 '공기압축기 고장으로 EOCR 여자 시'가 맞다.

예제 **다음 중 과천선 VVVF전동차 고장 발생 시 백색 차측등 점등되는 경우로 틀린 것은?**

가. EOCR 및 ArrOCR 동작 시

나. CIFR 및 SIVFR 동작 시

다. DCArr 동작 시

라. ACOCR 및 MTAR 동작 시

해설 'DCArr 동작 시'는 해당되지 않는다.

[과천선 VVVF전동차 고장 발생 시 백색 차측등 점등되는 경우]

① 공기압축기 고장으로 EOCR(Emergency Over Current Relay: 비상과전류계전기) 여자 시
② SIV고장으로 SIVFR(SIV Fault Relay: SIV중고장계전기) 여자 시
③ 주변환기 고장으로 CIFR(C/I Fault Relay: 주변환장치고장계전기) 여자 시
④ L1차단기 차단으로 L1FR(L1 Fault Relay: 차단기고장계전기) 여자 시
⑤ 교류모진 및 MCB 절연불량으로 ArrOCR 여자 시
⑥ 주변압기 1차측 과전류에 의한 ACOCR 여자 시
⑦ 주변압기 계통 고장으로 인한 MTAR(MT Aux. Relay: 주변압기보조계전기) 여자 시

예제 **다음 중 과천선 VVVF전동차 고장 발생 시 Fault등 및 백색 차측등 점등되는 경우로 아래의 답에 O, X를 해보자.**

A. L1차단기 트립으로 L1AR 여자 시 (X)

B. 주변압기 1차측 과전류에 의한 ACOCR 여자 시 (O)

C. SIV고장으로 SIVFR 여자 시 (O)

D. 교류모진 및 MCB절연불량으로 ArrOCR 여자 시 (O)

해설 'L1차단기 차단으로 L1FR(L1 Fault Relay: 차단기고장계전기) 여자 시'가 맞다.

예제 **다음 중 과천선 VVVF전동차 고장 발생 시 백색 차측등 점등되는 경우로 틀린 것은?**

가. SIV고장으로 SIVFR 여자 시

나. 주변환기 고장으로 CIFR 여자 시

다. 공기압축기 고장으로 EOCR 소자 시

라. 주변압기 계통 고장으로 인한 MTAR 여자 시

해설 공기압축기 고장으로 EOCR 여자 시

예제 MCB절연불량에 따른 직류피리기 동작 시 Fault등 및 차측백색등으로 확인 가능하다.

정답 (O)

나. 고장차량 개방(VCOS)시 순서

① M′차 연장급전 → MCBOS → VCOS → RS → 3초 후 MCBCS

② M차 및 직류구간에서 MCB 차단되지 않을 경우(SIV로 직접 전원이 가니까) → MCBOS → VCOS → RS → 3초 후 MCBCS

[과천선(KORAIL) VVVF 전기동차 회로도]

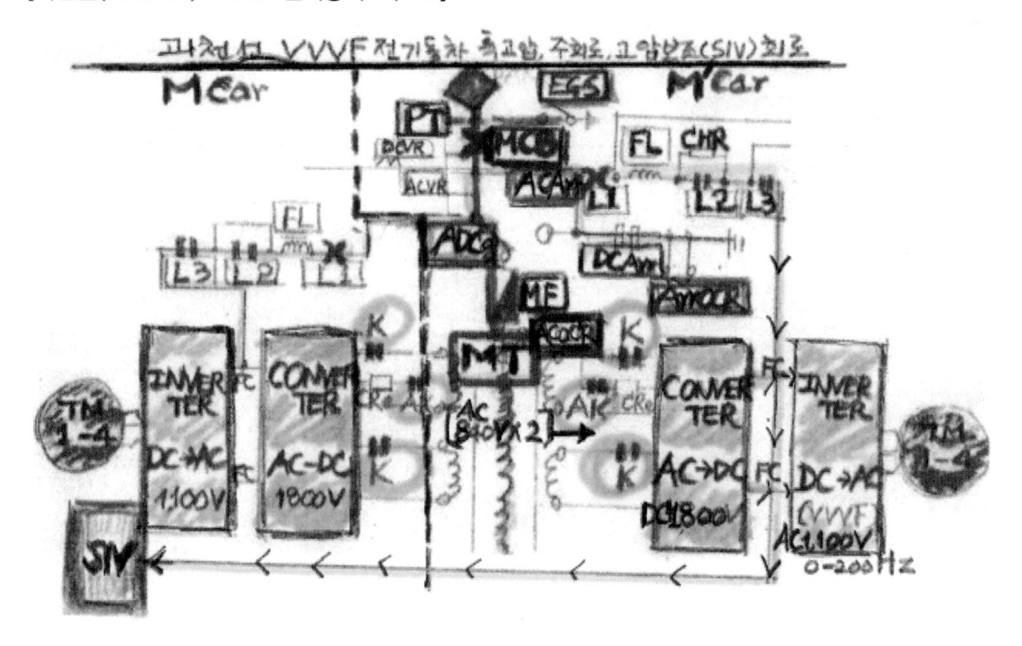

2. 완전부동 취급

조치 2 완전부동 취급(Pan계통 문제 시)

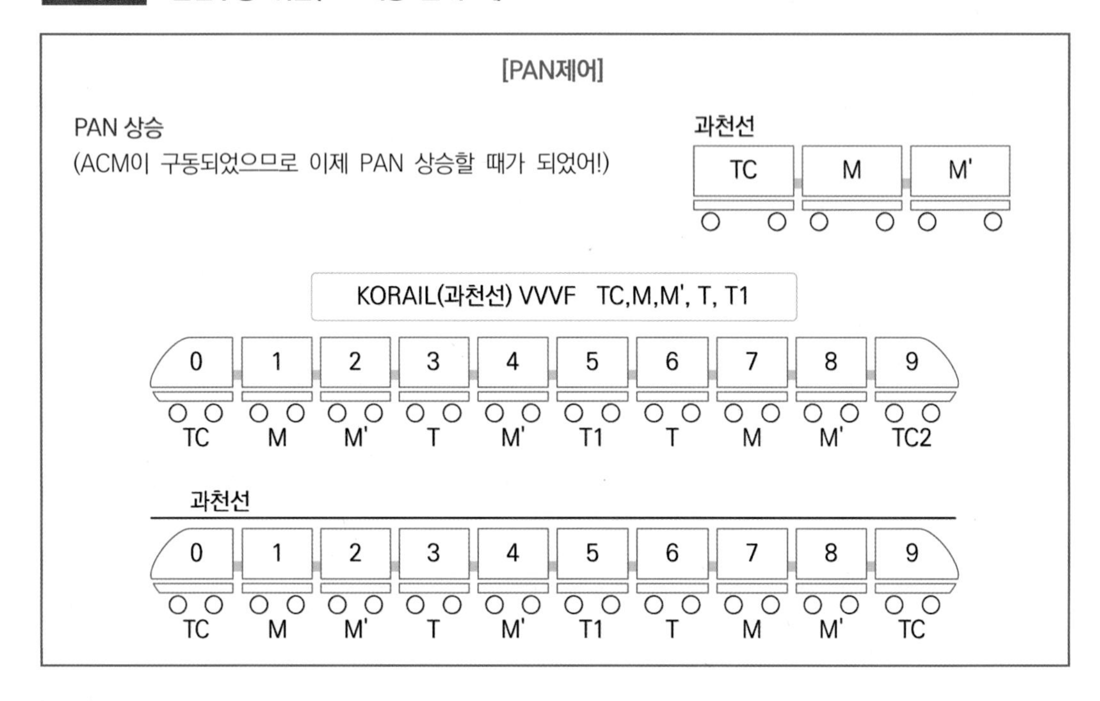

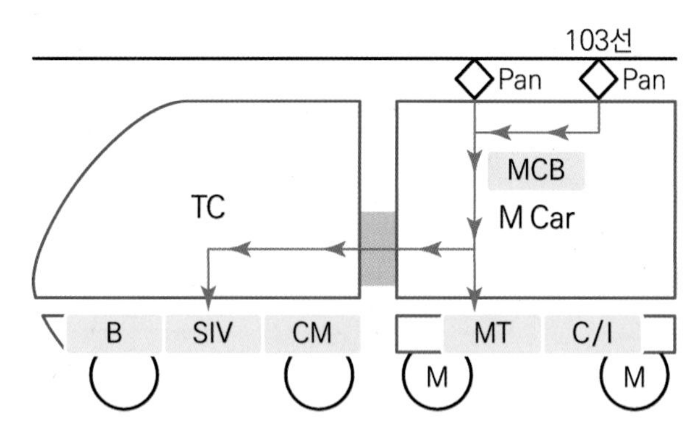

가. 완전부동 취급시기

① Pan파손 및 접전장치 고장 시

② 피뢰기(ACArr 또는 DCArr)동작 시

③ 주휴즈(MFs) 용손 시(MT전의 MFs)

④ 비상접지스위치(EGS)용착 시

⑤ 디젤기관차(DL)구원 받을 시

⑥ 기타 필요 시

> **[참고] 서울교통공사 완전부동 취급법**
>
> ① 해당 M차 ADAN, ADDN차단
>
> ② 해당 M차 PanVN차단
>
> ③ 필요 시(1, 4, 8호 차 고장 시)연장급전

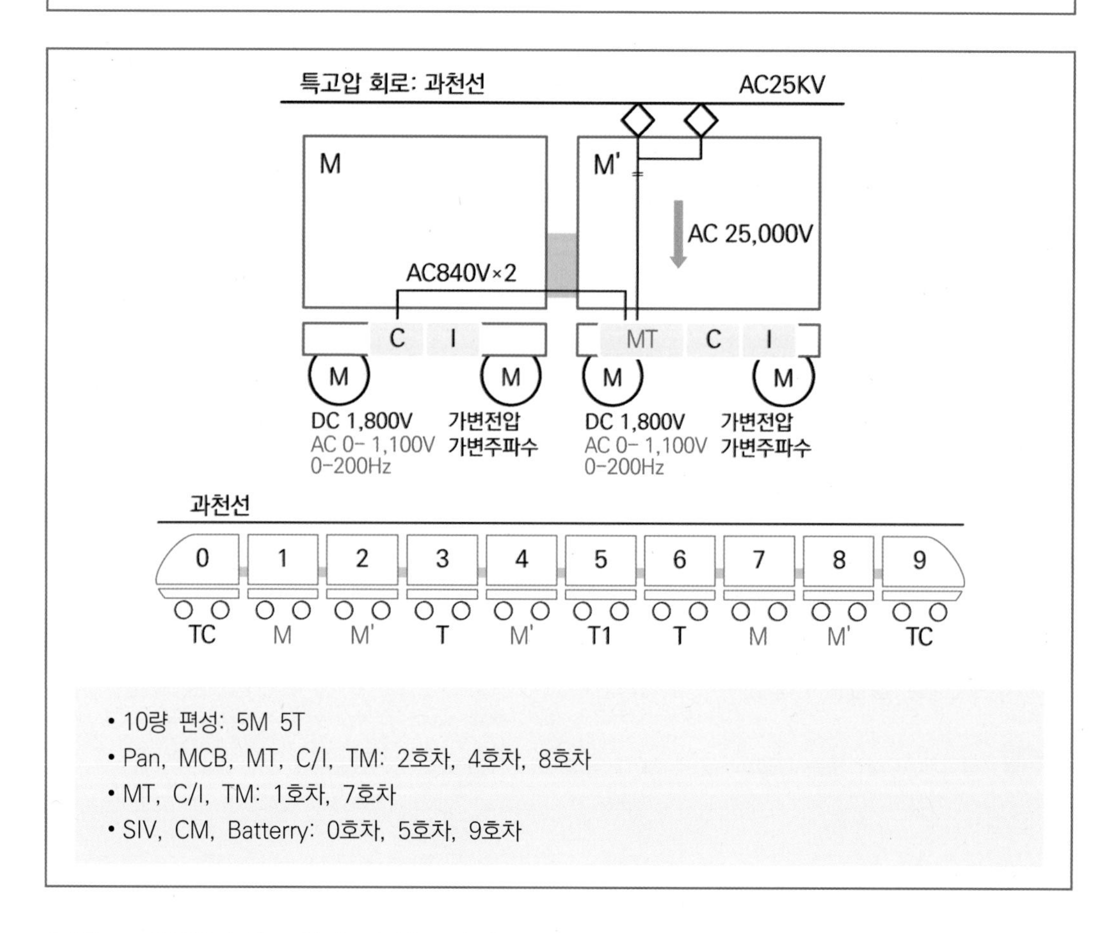

[전체 Pan하강하지 않고 완전부동 취급 방법]

① 해당차(M차′) 배전반 내 ADAN, ADAN OFF 후

② 해당차(M차′)(2, 4, 8호차) 배전반 내 PanVN OFF

예제 과천선VVVF전기동차의 완전부동취급 시기가 아닌 것은?

가. 주변환기(C/I) 고장 시
나. 비상접지스위치(EGS)용착 시
다. 피뢰기(ACArr 또는 DCArr) 동작 시
라. Pan파손 및 접전장치 고장 시

해설 '주변환기(C/I) 고장 시'는 완전부동취급 시기에 해당되지 않는다.

[완전부동취급시기]
① Pan파손 및 접전장치 고장 시
② 피뢰기(ACArr 또는 DCArr) 동작 시
③ 주휴즈(MFs) 용손 시(MT전의 MFs)
④ 비상접지스위치(EGS)용착 시
⑤ 디젤기관차(DL)구원 받을 시

예제 과천선VVVF전기동차의 완전부동취급 시기와 거리가 먼 것은?

가. MCB투입 불능 시
나. Pan파손 시
다. DCArr 동작 시
라. 디젤기관차에서 구원받을 때

해설 'MCB투입 불능 시'는 완전부동취급 시기에 해당되지 않는다.

예제 과천선VVVF전기동차의 완전부동취급 시기가 아닌 것은?

가. 주휴즈(MFs) 용손 시
나. 디젤기관차구원 받을 시
다. 교류과전류계전기(ACOCR) 동작 시
라. Pan파손 및 접전장치 고장 시

해설 '피뢰기(ACArr 또는 DCArr) 동작 시'가 맞다.

예제 과천선VVVF전기동차의 완전부동취급 시기가 아닌 것은?

가. Pan파손 및 접전장치 고장 시
나. 비상접지스위치(EGS)용착 시
다. 피뢰기(ACArr 또는 DCArr)동작 시
라. 보조휴즈(AF)용손 시

해설 '주휴즈(MFs) 용손 시'에 완전부동 취급한다.

예제 **다음 중 과천선 VVVF전동차의 완전부동취급 시기에 해당되지 않는 것은?**

가. SIV고장 시　　나. 피뢰기 동작 시
다. 디젤기관차 구원받을 때　　라. 비상접지스위치 용착 시

해설 'SIV고장 시' 완전부동취급 시기에 해당되지 않는다.

예제 **과천선VVVF전기동차의 완전부동취급 시기가 아닌 것은?**

가. 주휴즈(MFs) 용손 시　　나. 디젤기관차구원 받을 시
다. 전체 Pan상승 불능 시　　라. Pan파손 및 접전장치 고장 시

해설 '전체 Pan상승 불능 시'는 완전부동취급 시기에 해당되지 않는다.

나. 완전부동 취급요령

① 관제사 및 차장에게 완전부동 취급사유 통보
② 전 편성 MCB차단 후 Pan하강 조치
③ 해당차 ADAN, ADDN을 먼저 OFF(차단) 후 PanVN을 차단(PanVN통해 공기가 들어간다. → Pan 상승)(Pan콕크: 공기 올라가는 길목 차단 필요 시 Pan 콕크 차단)
④ 고장 유니트의 해당 TC 또는 T1차에서 연장급전(0, 5, 9호차)(Pan(2, 4, 8호차)이 있지만 TC, T1은 SIV가 있으므로 연장급전해 주어야 한다)(서울교통공사: SIV(1, 4, 8호차) 고장 → 연장급전)
⑤ Pan상승 후 MCB 투입
⑥ 관제사 및 차장에게 조치 완료 통보 후 전도운전
※ 해당 차 차량고장 시: 해당차 배전반(1.냉난방배전반, 2.ADAN, ADDN, PVN모여있는 배전반)→ ADAN, ADDN OFF후 → PanVN OFF

[전체 Pan 하강하지 않고 완전부동 취급방법]

① 해당 차(M′) 배전반 내 ADAN, ADDN OFF 후

② 해당 차(M′) 배전반 내 PanVN OFF

[4호선 완전부동 취급법과 전체 Pan 하강하지 않고 완전부동 취급방법]

4호선 완전부동 취급법	• 해당 M차 ADAN, ADDN 차단 • 해당 M차 PanVN 차단 • 필요 시(1, 4, 8호차)연장급전
전체 Pan 하강하지 않고 완전부동 취급방법	• 해당 차(M′) 배전반 내 ADAN, ADDN OFF 후, PanVN OFF

[완전부동 및 연장급전 조치]

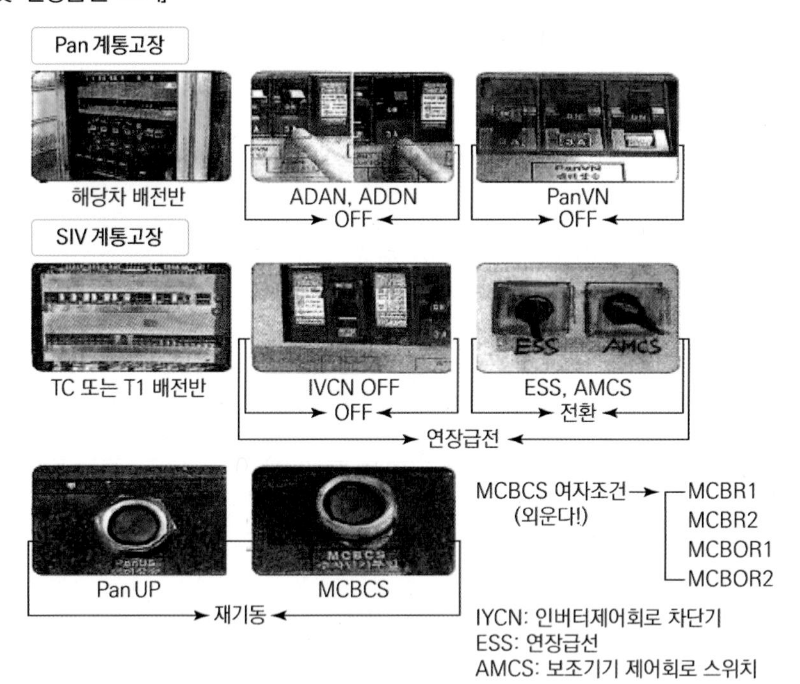

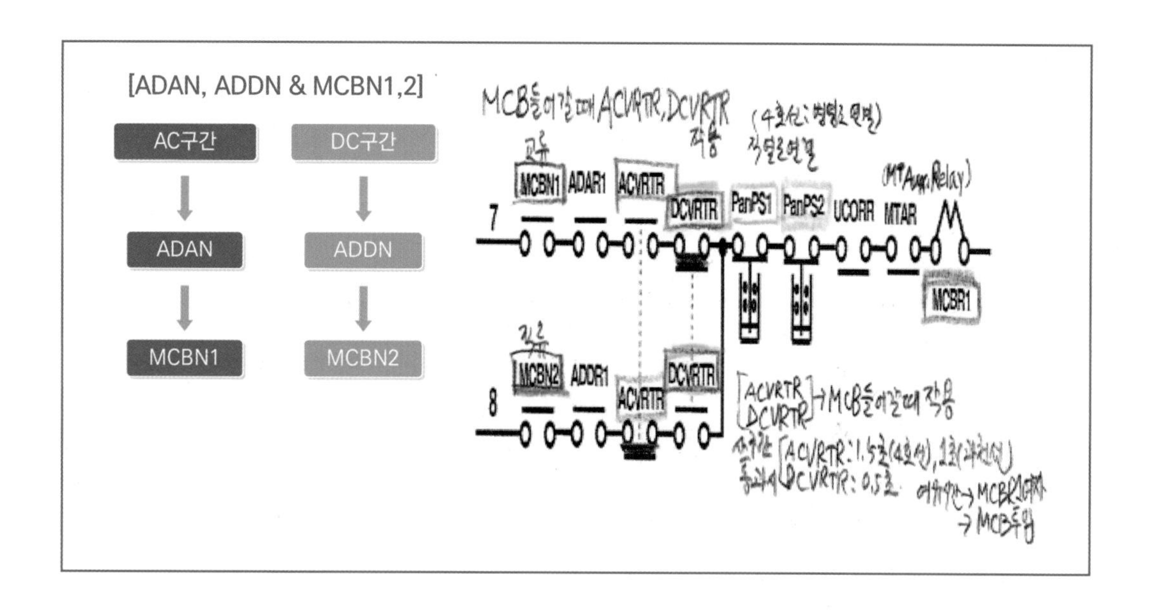

[과천선MCBR1 여자회로(MCB투입과정)]

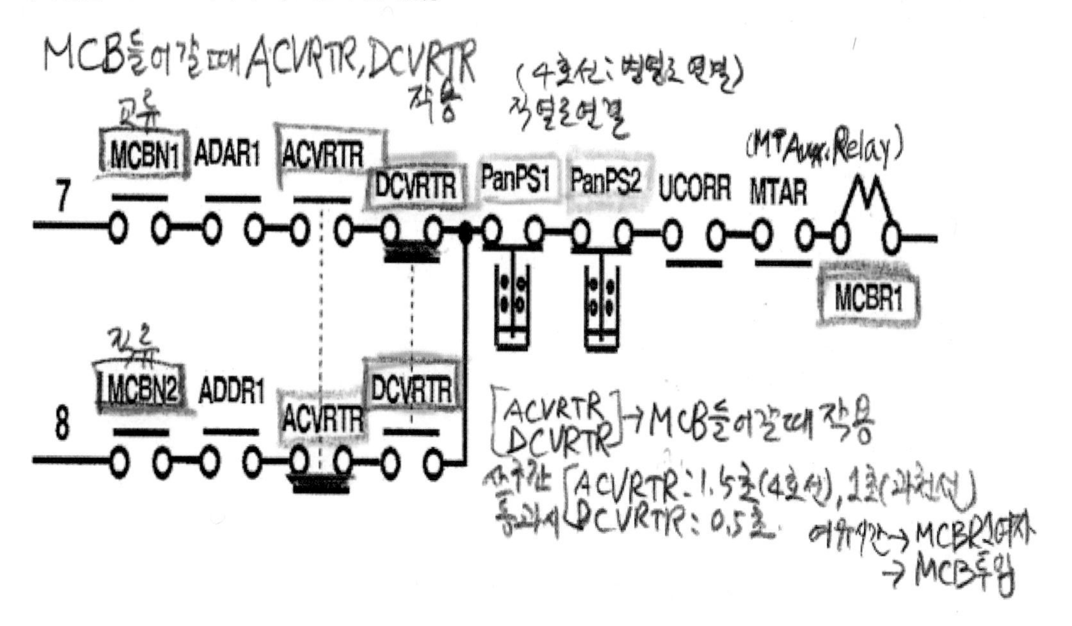

[과천선 회로도]

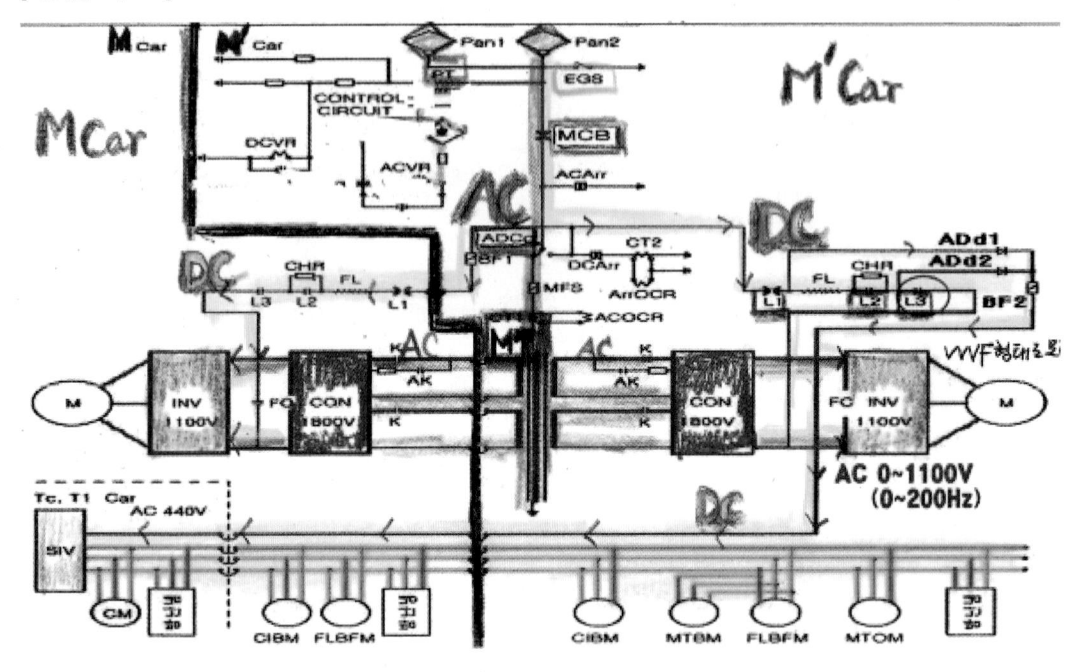

예제 다음 중 과천선 VVVF전동차의 완전부동취급 요령에 해당되지 않는 것은?

가. 전 편성 MCB차단 후 Pan하강 조치
나. 해당차 ADAN, ADDN, PanVN OFF
다. Pan상승 후 MCB투입
라. 관제사 및 차장에 통보 후 회송조치

해설 관제사 및 차장에 통보 후 전도운전

[과천선 VVVF전동차의 완전부동취급 요령]

① 관제사 및 차장에게 완전부동 취급사유 통보
② 전 편성 MCB차단 후 Pan하강 조치
③ 해당차 ADAN, ADDN, PanVN OFF
④ 운전실 이동
⑤ Pan상승 후 MCB투입
⑥ 관제사 및 차장에 통보 후 전도운전

제3장

연장 급전·장시간 전차선 단전 시 축전지 방전장치 조치

연장 급전·장시간 전차선 단전 시 축전지 방전장치 조치

1. 연장 급전

조치 3 연장 급전

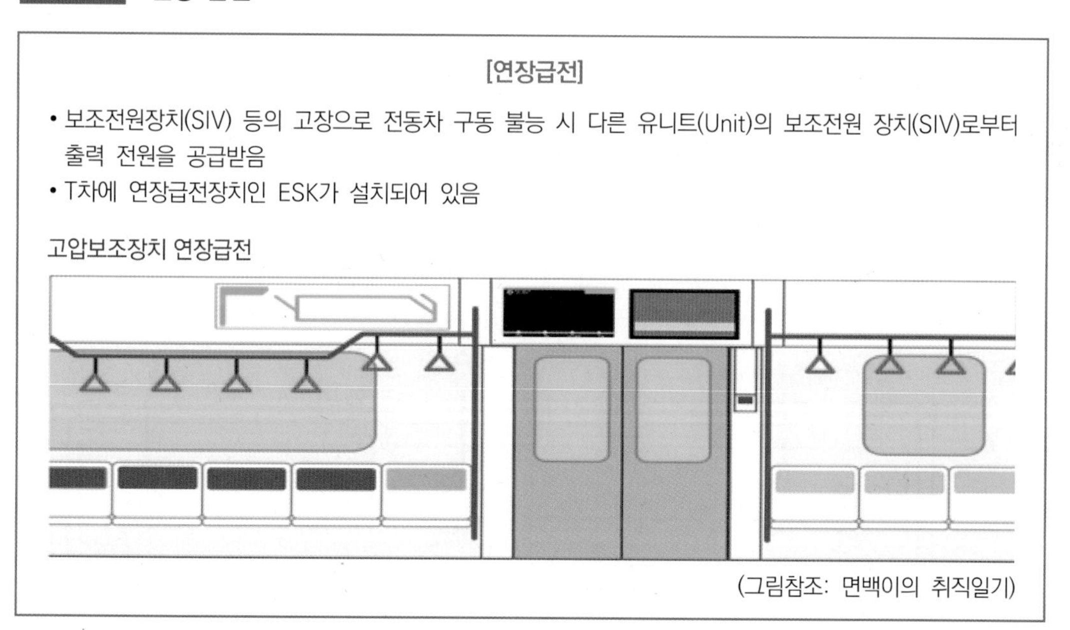

[연장급전]

- 보조전원장치(SIV) 등의 고장으로 전동차 구동 불능 시 다른 유니트(Unit)의 보조전원 장치(SIV)로부터 출력 전원을 공급받음
- T차에 연장급전장치인 ESK가 설치되어 있음

고압보조장치 연장급전

(그림참조: 면백이의 취직일기)

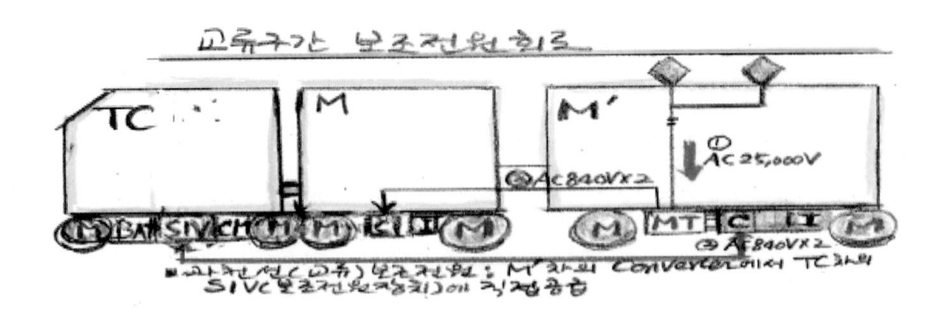

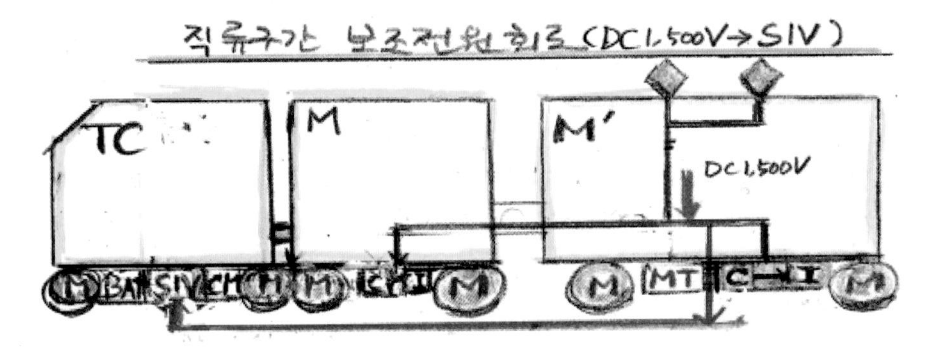

[과천선 연장급전 간략도]

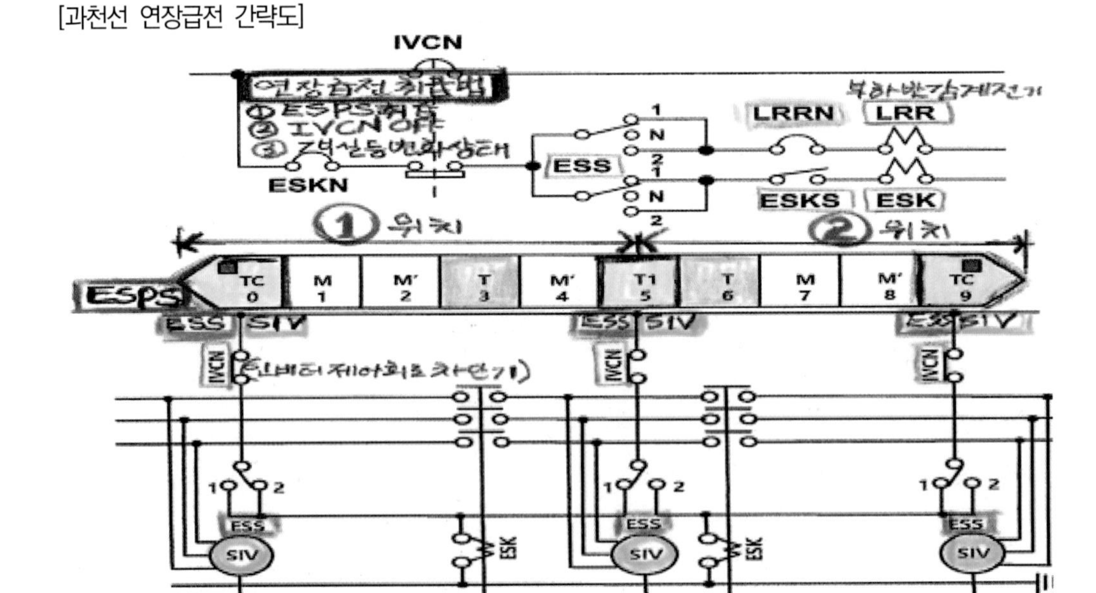

IVCN
ESKN
ESS
LRRN
LRR
ESKS
ESK
ESPS
TC 0
M 1
M' 2
T 3
M' 4
T1 5
T 6
M 7
M' 8
TC 9
ESS
SIV
IVCN
ESK
TCU

가. 연장급전 시기

① 완전부동 취급 시(Pan 계통 문제 발생 시 → 완전부동 취급 6개)

② SIV 고장 시(Pan 계통 문제 발생 시 → 전기를 가져오지 못함)

③ M′ 차 주변환기(C/I) 고장 시(AC구간에서 컨버터 고장이 나면 전기를 SIV에 전달하지 못함)

예제 과천선 VVVF전기동차 연장급전 취급시기가 아닌 것은?

가. SIV 고장 시
나. 완전부동 취급 시
다. M′차 주변환기(C/I) 고장 시
라. M′차 주변압기(MT) 고장 시

해설 'M′차 주변압기(MT) 고장 시'는 연장급전 취급시기에 해당되지 않는다.

[연장급전 시기]
① 완전부동 취급 시
② SIV 고장 시
③ M′ 차 주변환기(C/I) 고장 시

예제 과천선 VVVF전기동차 연장급전 취급 시기가 아닌 것은?

가. M′ 차 주변환기(C/I) 고장 시
나. 완전부동 취급 시
다. SIV 고장 시
라. MTOMN 차단 시

해설 'MTOMN 차단 시'는 연장급전 취급 시기에 해당되지 않는다.

[연장급전 시기]
① 완전부동 취급 시
② SIV 고장 시
③ M′ 차 주변환기(C/I) 고장 시

나. 연장급전 취급법

① 운전실 – ESPS(Extension Supply Push Button Switch: 연장급전누름스위치) 또는 고장유니트 TC, T1 → IVCN OFF(인버터제어회로차단기 OFF)

② 고장유니트 TC, T1차 – ESS스위치 절환: N(Normal)위치에서 (1) 또는 (2)위치로 이동(TC앞뒤 2개)(ESS스위치는 모두 3개 있다)

※ 운전실 ESPS취급은 SIVFR여자 시만 가능(그렇지 않으면 IVCN을 강제차단 → 전기 통하게 만든다)

③ 객실등 변화상태 확인(객실등 반감 상태: 객실등 확인)

[과천선 연장급전 간략도]

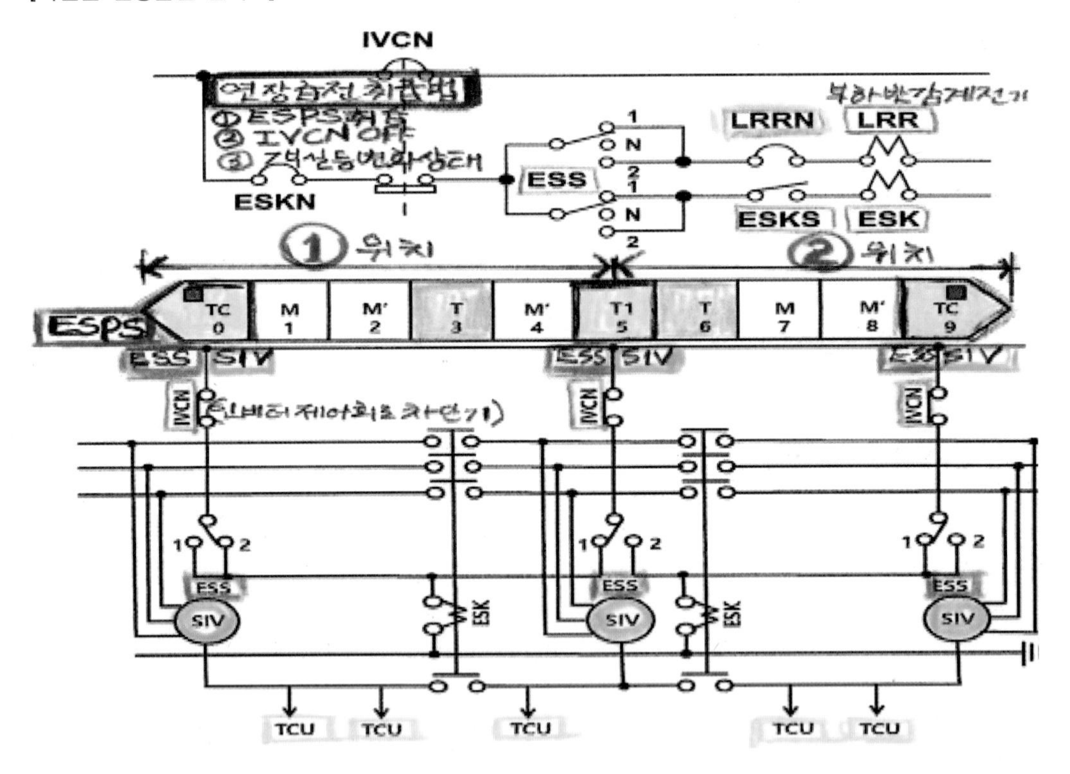

[과천선 연장급전 개념도]

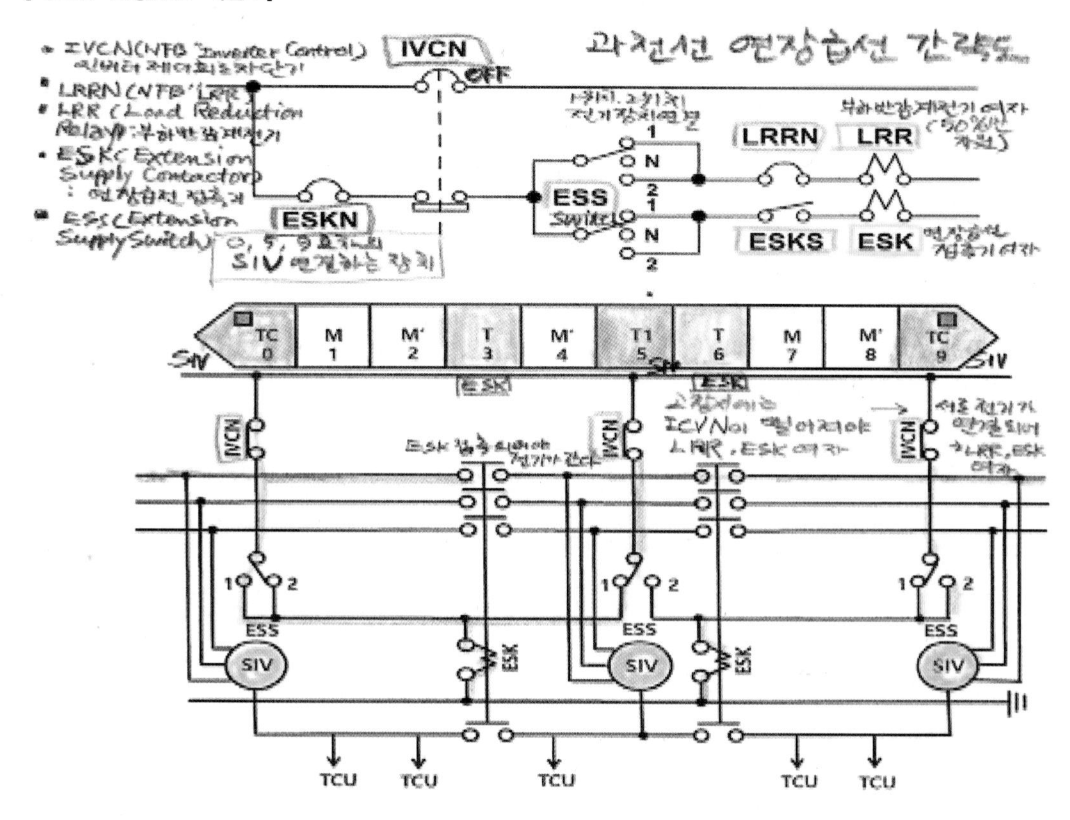

[학습코너] 과천선 연장급전과정

과천선 SIV 중고장시 연장급전방법

(1) 고장 유니트 T차량 - ESKS(6, 10 또는 8위치) 절환

(2) 운전실 - ESPS취급 또는 고장 유니트TC, T1 → IVCN OFF

(3) 고장 유니트TC, T1 - ESS스위치[1] 또는 [2] 절환의 순으로 이루어진다.

※ IVCN(NFB "Inverter Control: 인버터제어회로차단기")

[학습코너] 연장급전 방식

① 연장급전 불능 시 고장 유니트 ESKS 위치 확인(10량인 경우 3호차, 6호차 ESKS 위치 확인)
② T1 차에서 연장급전 시 ESS위치에 (1위치 또는 2위치) 따른 SIV 전원공급→(1) 위치인 경우 0호대 SIV에서 전원공급, (2) 위치인 경우 9호대 SIV 전원공급
③ SIV 2개 고장으로 연장급전 시 먼저 한 연장급전은 복귀(ICVN ON ESS N)(복귀: N(Normal))위치로 설정되면 전원이 통하지 않는다)(한 개만 임시로 사용한다) 하고, 기동되어 있는 바로 인접한 유니트(고장차)에서 연장급전

[주1] 연장급전한 후 MCBOS – RS – 3초 후 – MCBOS 취급하여 모니터 "송풍기 정지"현시를 복귀할 것

[주2] ICVN을 OFF하면 모니터에 "SIV 통신이상"이 ON으로 복귀할 때까지 현시됨에 유의할 것

예제 다음 중 과천선VVVF 전기동차 고장 시 연장급전 취급으로 틀린 것은?

가. 운전실 - ESPS 또는 고장유니트 TC, T1차 IVCN OFF
나. 고장유니트 TC, T1차 - ESS스위치 절환: N(Normal)위치에서 (1) 또는 (3) 위치로 이동
다. 운전실 ESPS취급은 SIVFR여자 시만 가능
라. 객실등 변화 상태 확인

해설 고장유니트 TC, T1차 – ESS스위치 절환: N(Normal) 위치에서 (1) 또는 (2) 위치로 이동

예제 다음 중 과천선VVVF 전기동차 고장 시 연장급전 취급으로 틀린 것은?

가. 연장급전한 후 MCBOS-RS-3초 후 MCBCS 취급하여 모니터 "송풍기 정지"현시를 복귀할 것
나 IVCN을 OFF하면 모니터에 "SIV 통신이상"이 ON으로 복귀할 때까지 현시됨에 유의할 것
다. 운전실 ESPS를 취급하거나 또는 고장유니트 TC, T1차의 IVCN를 ON한다.
라. 연장급전한 후 MCBOS - RS - 3초 후 - MCBOS 취급하여 모니터 "송풍기 정지"현시를 복귀할 것

해설 운전실 ESPS를 취급하거나 또는 고장유니트 TC, T1차의 IVCN를 OFF한다.
※ ESPS(Extension Supply Push Button Switch: 연장급전누름스위치)
※ IVCN(NFB for Inverter Control: 인버터제어회로차단기)

[VVVF차량의 연장급전 취급법]

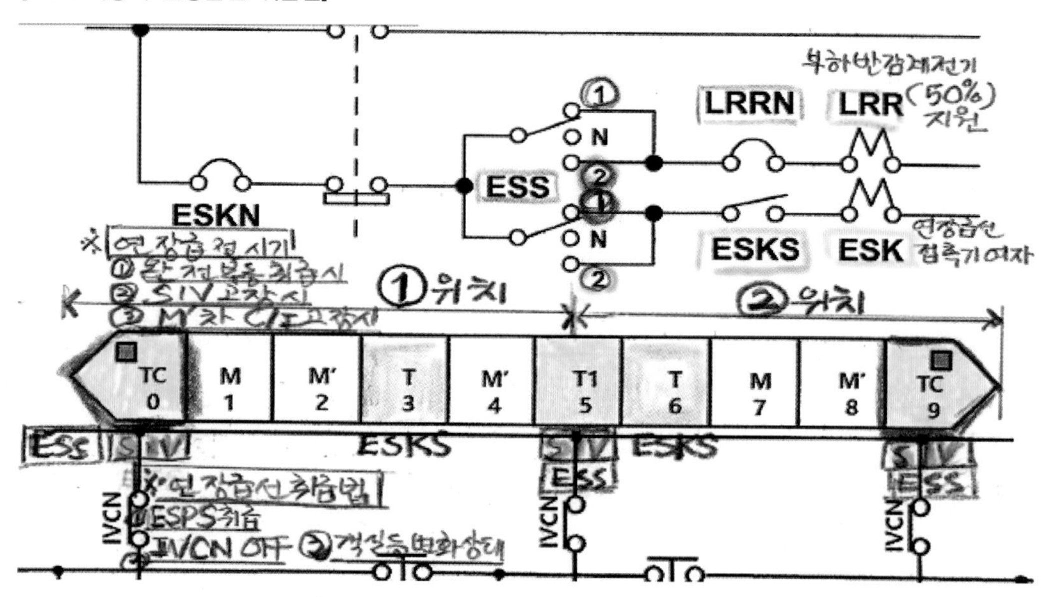

예제 **다음 중 과천선VVVF 전기동차 고장 시 연장급전 취급으로 틀린 것은?**

가. 연장급전한 후 MCBOS-RS-3초 후 MCBCS 취급하여 모니터 "송풍기 정지"현시를 복귀할 것

나. ICVN을 OFF하면 모니터에 "SIV 통신이상"이 OFF로 현시됨에 유의할 것

다. 고장유니트 TC, T1차 - ESS스위치 절환: N(Normal)위치에서 (1) 또는 (2) 위치로 이동

라. 고장 유니트 T차량- ESKS(6, 10 또는 8위치) 절환

해설 ICVN을 OFF하면 모니터에 "SIV 통신이상"이 ON으로 복귀할 때까지 현시됨에 유의할 것

예제 **다음 중 과천선VVVF 전기동차 고장 시 연장급전 취급으로 틀린 것은?**

가. 운전실 ESPS취급은 SIVFR여자 시만 가능하다.

나. IVCN을 OFF하면 모니터에 "SIV 통신이상"이 OFF로 복귀할 때까지 현시된다.

다. 연장급전 불능 시 고장 유니트 ESKS 위치를 확인한다.

라. 연장급전한 후 MCBOS - RS - 3초 후 - MCBOS 취급하여 모니터 "송풍기 정지"현시를 복귀된다.

해설 IVCN을 OFF하면 모니터에 "SIV 통신이상"이 ON으로 복귀할 때까지 현시된다.

예제 **다음 중 과천선VVVF 전기동차의 연장급전의 원인이 아닌 것은?**

가. 완전부동 취급 시
나. M′ 차 주변환기(C/I) 고장 시
다. SIV 고장 시
라. 해당차 ADAN, ADDN, PanVN OFF

해설 ‘해당차 ADAN, ADDN, PanVN OFF’는 완전부동취급 시 조치요령이다.

[연장급전 취급시기]

- 완전부동 취급 시
- SIV 고장 시
- M′ 차 주변환기(C/I) 고장 시

예제 **과천선VVVF 전기동차의 연장급전 관련 T1차 ESS는 평상시에 (2) 위치로 되어 있다.**

정답 (X) T1차 ESS는 평상시에 (1) 위치로 되어 있다.

예제 **운전실에서의 ESPS취급은 SIVFR 동작 시에만 가능하다.**

정답 (O)

예제 **과천선VVVF 전기동차의 연장급전 중 전원을 공급하는 SIV를 정지하면 IVCN을 OFF로 하고 ESS를 (1) 또는 (2) 위치로 한다.**

정답 (X) 먼저 고장 난 SIV장착차량 ESS를 N위치로 절환한 후 IVCN ON을 취급한다.

예제 **연장급전 취급 시 고장유니트 TC, T1차 ICVN을 차단하여 연장급전한다.**

정답 (O)

예제 다음 중 과천선VVVF 전기동차의 연장급전 시기로 틀린 것은?

가. 완전부동 취급 시 나. SIV 고장 시

다. M′ 차 주변환기(C/I) 고장 시 **라. M′ 차 주변압기고장 시**

해설 ‘M′차 주변환기(C/I) 고장 시’가 맞다.

[연장급전 취급시기]

- 완전부동 취급 시
- SIV 고장 시
- M′차 주변환기(C/I) 고장 시

예제 다음 중 과천선VVVF 전기동차의 연장급전 취급법으로 틀린 것은?

가. 연장급전 불능 시 고장 유니트 근처의 정상 유니트의 ESKS 위치를 확인(6, 10 또는 8 위치)한다.

나. 연장급전한 후 MCBOS - RS - 3초 후 - MCBOS 취급하여 모니터 “송풍기 정지”현시를 복귀된다.

다. ICVN을 OFF하면 모니터에 “SIV 통신이상”이 ON으로 복귀할 때까지 현시된다.

라. 연장급전 시 ESS의 위치를 확인한다.

해설 연장급전 불능 시 고장 유니트 ESKS 위치를 확인(6, 10 또는 8 위치)한다.

2. 장시간 전차선 단전 시 축전지 방전방지 조치

조치 4 장시간 전차선 단전 시 축전지 방전방지 조치

[열차단선 시]

단전됐던 서울 5호선 광나루역~강동역 구간 3시간여 만에 운행 재개(매일경제)

종합공항철도 단전. 강풍 불어 전차선에 나무 날아들어(한경닷컴)

[수소연료전지와 배터리]

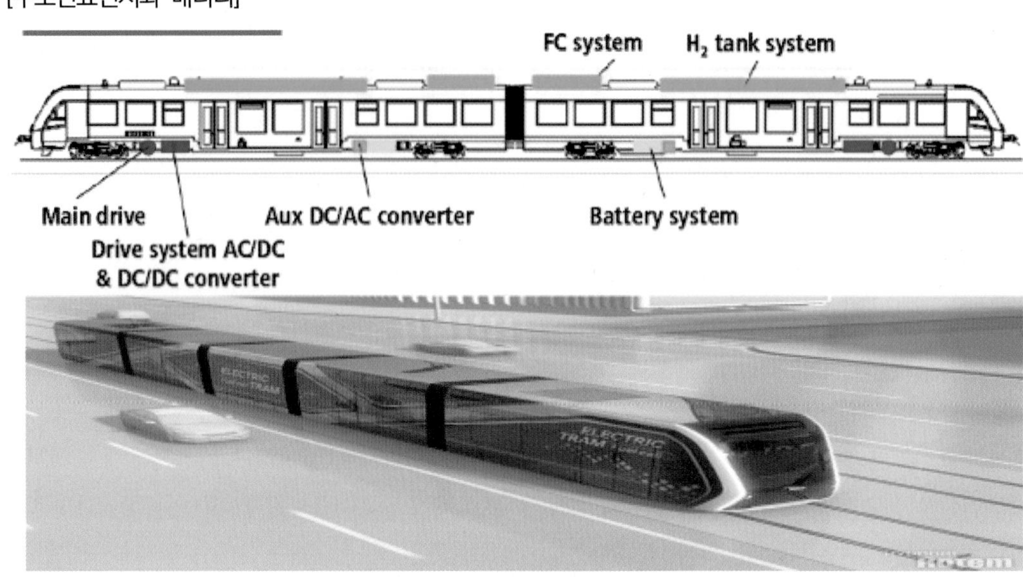

미래 모빌리티 동력원, 수소연료전지 vs 배터리 비교분석

가. 전차선 단전 시 현상 (외울 것)

[(출입문발차지시등, 차측등 안 들어 올 때: 양소등)]

① 전차선 전원표시등 소등(ACV, DCV)소등(ACV, DCV)는 평상 시 점등되어 있어야 한다)

② MCN OFF등 점등(MCB "ON"등, "OFF"등 2개 모두 꺼져버리면 → 양소등, 최소 1개는 점등되어 있어야 정상)

③ 보조전원장치(SIV)표시등 소등(교류구간: C/I에서 SIV로, 직류구간: DC구간에서 직접 내려온다)

예제 **다음 중 과천선VVVF 전동차 장시간 전차선 단전 시 운전실 표시등으로 확인할 수 있는 현상으로 틀린 것은?**

가. 전차선 전원표시등 소등
나. 보조전원장치(SIV)표시등 소등
다. MCB OFF등 점등
라. FAULT등 점등

해설 'FAULT등 점등'은 운전실 표시등으로 확인할 수 있는 현상이 아니다.

[전차선 단전 시 현상]
- 전차선 전원표시등 소등
- MCB OFF등 점등
- 보조전원장치(SIV)표시등 소등

예제 **과천선VVVF 전동차 운행 중 축전지 전압 강하 시 BCN의 트립 여부를 확인하여야 한다.**

정답 (O)

예제 **다음 중 과천선VVVF 전동차 장시간 전차선 단전 시 운전실 표시등으로 확인할 수 있는 현상으로 틀린 것은?**

가. 전차선 전원표시등 소등
나. 보조전원장치(SIV)표시등 소등
다. MCB OFF등 점등
라. 백색차측등 점등

해설 '백색차측등 점등'은 장시간 전차선 단전 시 운전실 표시등으로 확인할 수 있는 현상이 아니다.

나. 전차선 단전 시 조치

① 관제사에게 전차선 단전여부 및 급전시기 확인
② 차장에게 통보하여 안내방송 시행토록 할 것
③ TC차 배전반의 ECON ON 취급(ECON, ECON ON확인)
- 객실방공등 4개 점등
- 열차무선전화 사용가능(WTS ON상태 확인)
- 실내방송 및 차내전화 사용 가능(승무원 연락부저 사용불능)

④ 필요 시 구름방지 조치(오래되면 MR압력 저하)
⑤ 축전지 전압을 수시로 확인하여 74V 이상을 확보할 것
⑥ Pan하강 후 역전 핸들 OFF, MC Key취거, 제동제어기(BC)핸들 취거
⑦ 급전 시까지 대기(무선전화 통화 대기)

※ ECON(NFB "Emergency Over Current": 비상과전류계전기)
※ WTS(Wireless Telephone Switch: 열차무선스위치)

※ EON(NFB "Emergency Operation": 비상운전회로차단기)

※ EOR(Emergency Operation Relay: 비상운전계전기)

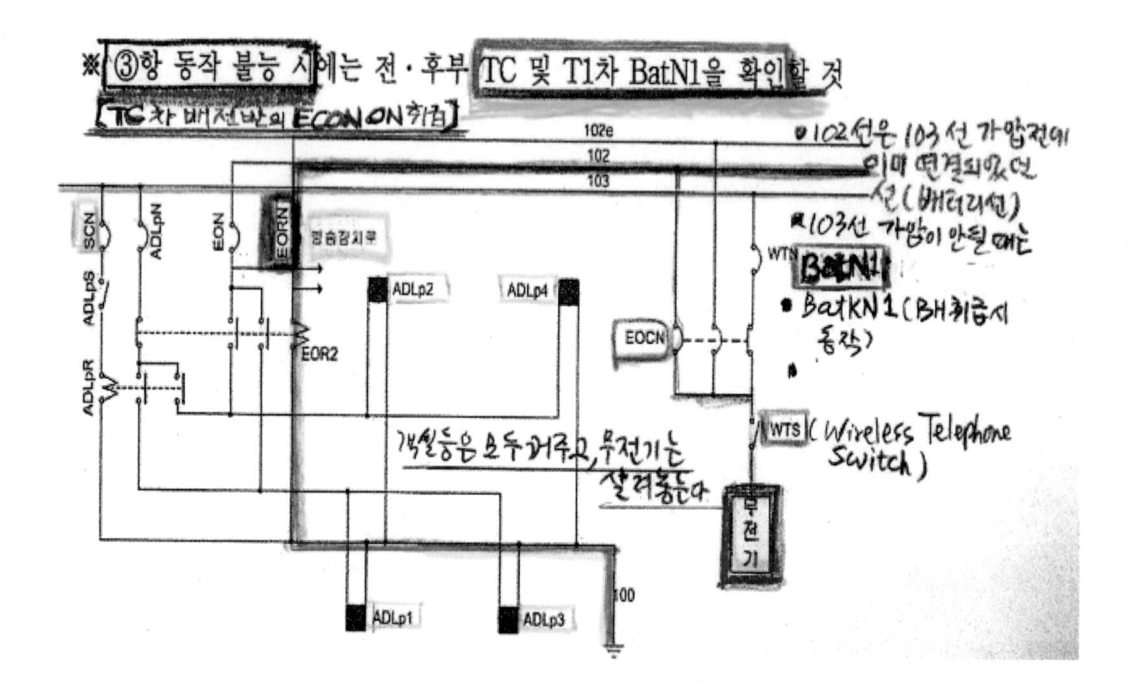

예제 다음 중 과천선VVVF 전기동차 EOCN ON취급 시 이루어지지 않는 것은?

가. 객실 방공등 4개 점등

나. 실내방송 및 차내 전화사용 가능

다. 열차무선전화 사용 가능

라. 승무원 연락부저 사용 가능

해설 '승무원 연락부저 사용 가능'은 이루어지지 않는다.

[EOCN ON취급 시]

- 객실 방공등 4개 점등
- 열차무선전화 사용 가능
- 실내방송 및 차내 전화사용 가능

※ EOCN(NFB for Emergency Operation Control: 비상운전제어회로차단기)

예제 **다음 중 과천선VVVF 전동차 장시간 전차선 단전 시 조치사항이 아닌 것은?**

가. 관제사에게 전차선 단전여부 및 급전시기 확인

나. TC차 배전반의 ECON OFF 취급

다. 축전지 전압을 수시로 확인하여 74V이상을 확보할 것

라. Pan하강 후 역전 핸들 OFF, MC Key취거, 제동제어기(BC)핸들 취거

해설 TC차 배전반의 ECON ON 취급

예제 **다음 중 과천선VVVF 전동차 장시간 전차선 단전 시 조치사항이 아닌 것은?**

가. ECON ON 취급하면 열차무선전화 사용가능

나. ECON ON 취급하면 실내방송 및 차내전화 사용 가능

다. ECON ON 취급하면 승무원 연락부저 사용불능

라. ECON ON 취급 시에는 MR, ECON ON확인

해설 'ECON ON 취급 시에는 ECON, ECON ON확인'이 맞다.

예제 **과천선VVVF 전기동차의 전압 강하 시 제어차 및 부수차에서 조치해야 할 사항은?**

정답 전압 강하 시 제어차 및 부수차에서 조치해야 할 사항은 BCN이다.

예제 **과천선VVVF 전기동차 제동제어기 핸들 삽입 후 VN트립 시 현상으로 맞는 것은?**

가. 각종 표시등만 점등

나. 축전지 전압계 "0"현시

다. 축전지 전압계만 사용가능

라. 직류모선 가압불능

해설 VN트립 시 축전지 전압계 "0" 현시된다.
※ VN(NFB for Voltmeter: 전압계회로차단기)

제4장

직류모선 가압 불가능 시 조치·전체 PAN 상승 불능 시·1개 유니트 전체 PAN 상승 불능 시 조치

제4장

직류모선 가압 불가능 시 조치·전체 PAN 상승 불능 시·1개 유니트 전체 PAN 상승 불능 시 조치

1. 직류모선 가압불능 시 조치

조치 5 직류모선(103선) 가압불능 시 조치

[과천선 직류모선 103선 가압 회로]

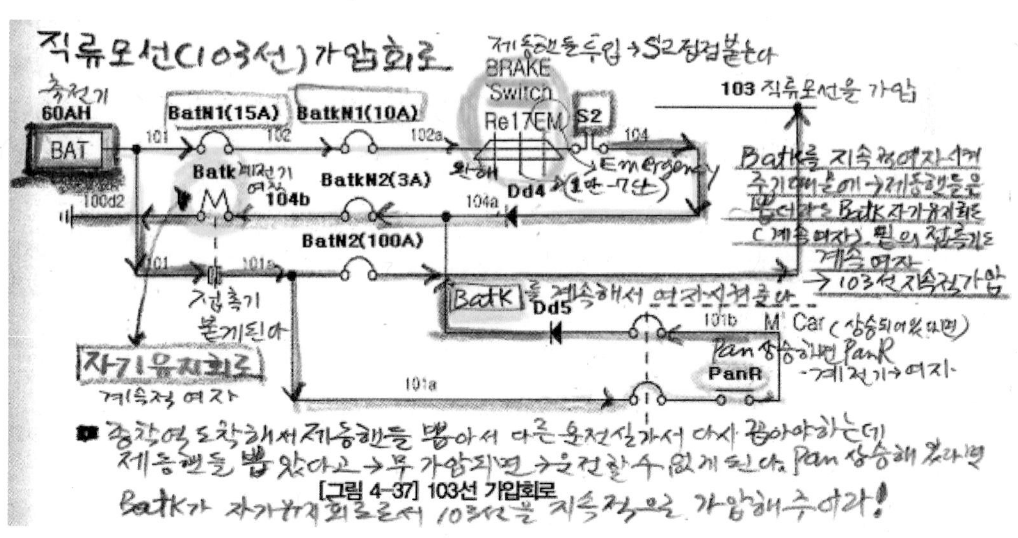

[그림 4-37] 103선 가압회로

가. 직류모선(103선) 가압불능 시 현상

제동제어기(BC)핸들 삽입 후 각종표시등 점등 불능 및 축전지 전압계 “0”V 현시

나. 직류모선(103선) 가압불능 시 조치

① 전부 TC차 배전반 내 BatKN1 ON

② 전, 후 TC차 및 T1차 배전반 내 BatKN2, BatN1, BatN2 ON(핸들과 관련: BatKN1)

※ 제동제어기 핸들 삽입 후 각종표시등 점등되고, 축전기 전압계 만 "0"V현시 경우 → TC 차 배전반 내 VN확인

※ VN(NFB for "Voltmeter": 전압계회로차단기)

[VVVF차량의 기동 절차]

- 전기동차, 어떤 전원도 두입되어 있지 않은 상태에서 → 제동 핸들을 꼽게 되면 전차량의 배터리가 동작 → 운전실 선택과 동시에 직류모선 103선(제어가 되는 선의 중 가장 기본이 되는 선: 4호선 과천선 모두 103선이라고 부름)을 가압
- 운전실에 있는 ACMCS 버튼을 누르면 집전장치가 있는(M'차에만) 보조공기압 축기(ACM)에서 공기를 만들어서 → 그 공기의 압력으로 Pan을 상승시킨다. 작동을 하고 있는 중에는 녹색등이 들어오고, 녹색등이 꺼지면 "아! 이제 Pan을 상승시킬 만한 보조공기 압력을 마련했네요."
- PanUS 버튼을 딱 누르게 되면 ACM의 공기압력으로 Pan이 상승하게 된다.
- 기관사가 MCBCS 버튼을 누르면 주변압장치에 전원이 공급된다.
- M'차에 있는 전원을 가지고 M차 주변환기에 전원을 공급해준다.
- M'에 있는 컨버터를 통해서 SIV에 전원을 공급해 준다. SIV에 전원이 공급되면 그때부터 공기압축기가 가동이 되고, 냉난방, 객실등이 켜질 수 있게 된다.
- 배터리와 CM에 전원을 공급해 준다.
- 기관사가 역행핸들을 당기면 전동차가 움직인다. 비로소 운전이 가능하게 된다.

[VVVF차량의 기동 절차]

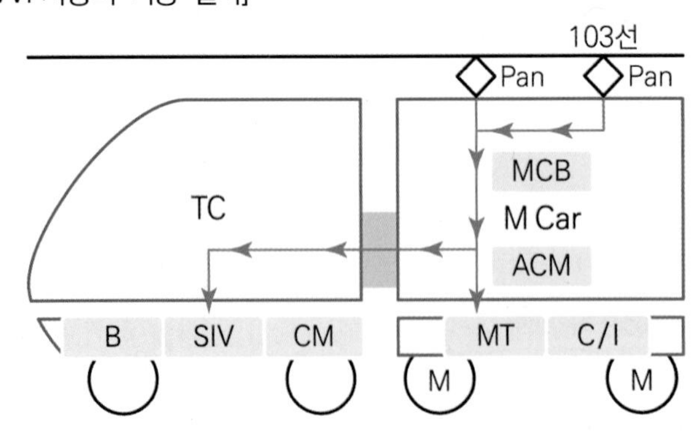

[학습코너] 과천선 103선 가압회로

(1) 직류모선(103선)의 가압(제동제어기 핸들 삽입)

- 기관사가 운전대에서 제동제어기 핸들을 삽입하여 제동위치로 이동하면 각 표시등이 점등되고 ATS 경고 벨이 순간적으로 울린다.
- 이와 같은 3가지 현상으로 아래 내용을 파악
  (가) ATS의 정상적인 동작상태
  (나) 축전지 전원 직류모선(103선)에 가압상태
  (다) 전·후 운전실 선택

[제동제어기 핸들 삽입 후 회로의 흐름]
TC, T1차(Bat) → 101 → (BatN1) → 102 → (BatkN1) → 102a → (Brake AW S2) → 104 → (Dd4) → 104a → (BatkN2) → 104b → (Batk) → 100d2 → LGS

[과천선 103선 가압회로(제동제어기 핸들 투입 후 회로의 흐름)]

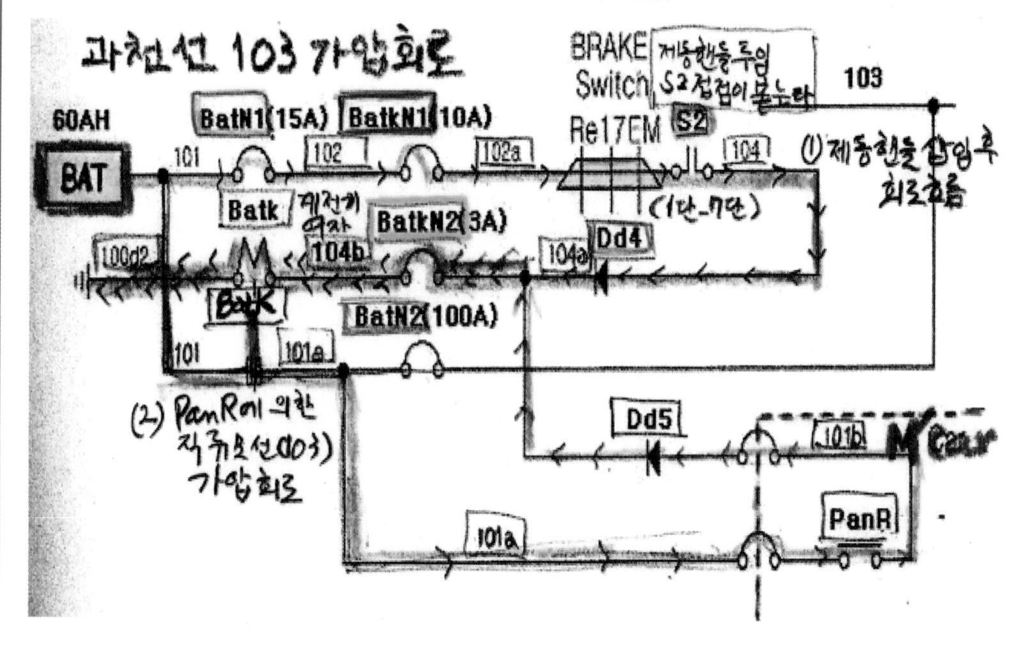

(2) 과천선 팬터그래프 계전기(Pan R)에 의한 직류모선(103선) 가압 유지
운전실 교환 또는 사고조치 등으로 운전석 이석이 불가피한 경우 → 자동제어핸들을 취거하여도 Pan이 상승되어 있는 상태에서는 PanR이 작동하고 있어서 BatK가 여자 연동에 의하여

TC차 Bat → 101 → Batk(a) → 101a → M차 거쳐서 → M′차 PanR → 101b → M차 → TC차 → Dd5 → 104a → BatN2 → 104b → Batk → 100d2 → Bat로 계속 여자되므로

TC차 Bat → 101 → Batk → 101a → BatN2 → 103의 회로로 103선 가압된다.

[과천선 Pan 계전기(Pan R)에 의한 직류모선(103선) 가압 유지]

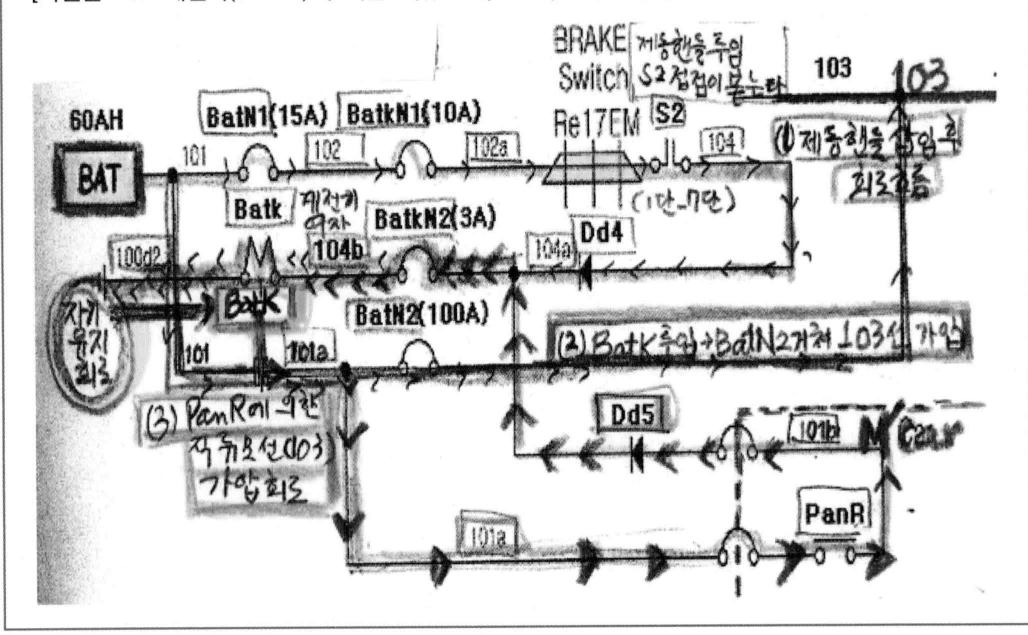

예제 **과천선VVVF 전기동차 축전지 관련하여 다음 질문이 맞는지 판단해 보자.**

정답 (O) 축전지 전압 강하 시 TC, T1차 배전반 내 BCN확인

[참고] 4호선 Pan 상승 불능 시의 확인 사항 (출제빈도 높다)

(1) 전 차량 Pan 상승 불능 시의 확인 사항

① 축전지 전압 정상확인
② MCN, HCRN 차단여부 확인
③ ACM 공기 충기여부 확인
④ 전후부 운전실 EpanDS 동작 여부 확인
⑤ EGCS 동작여부 확인(AC구간)

(2) 일부 차량 Pan 상승 불능 시의 확인 사항

① PanVN 차단확인
② MCBN2 차단확인(DC구간)
③ Pan Cock 차단여부 확인
④ MS(Main Disconnecting Switch: 주단로기)
⑤ 취급여부 확인(MSS접점)
⑥ MCB 차단상태 확인

2. 전체 PAN 상승불능 시 조치

조치 6 전체 팬터그래프(PAN) 상승불능 시 조치

[지붕 위의 특고압 기기]

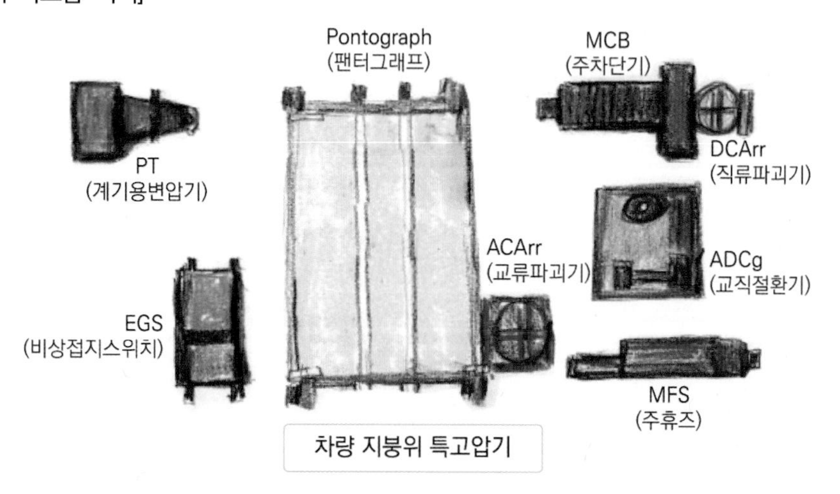

차량 지붕위 특고압기

가. 전체 팬터그래프(PAN) 상승불능 시 현상

① 전차선 전원표시등(ACV, DCV등) 점등 불능

② 전차선 단전인 경우에는 Pan 상승되어 있어도 모니터에 Pan하강으로 표시

[Pan 상승 단계별 기기를 이해하며 외우자!]

① 제동핸들 투입

② 103선 여자(전기 통하면)

③ ACM기동

④ Pan 상승

⑤ MCB 투입

나. 전체 팬터그래프(PAN) 상승불능 시 조치

① 축전지 전압 74V 이상을 확인

② 전체 주차단기(MCB)차단 여부 확인

③ 전부 TC차 MCN, HCRN 차단 여부 확인(MCN, HCRN 중요하니까 전부에서 취급해야 한다. 즉, 기관사가 손만 대면 작동할 수 있고 곳에 위치해야 하기 때문이다.)

④ 전, 후부운전실 EPanDS, EGCS 동작확인(Pan만 올라가면 필요 시 EGS 동작 → 단전: 차량보다 변전소관련 사항이므로 구간전체 전차선을 모두 단전시킨다.)(EGS 용착 시 Pan 상승 순간 전차선 단전현상 발생)

⑤ ACM공기 충기 여부 확인(ACMLp 소등 확인)

⑥ 후위 운전실에서 취급하여 볼 것

[전체 Pan 상승 불능 시 확인 개소]

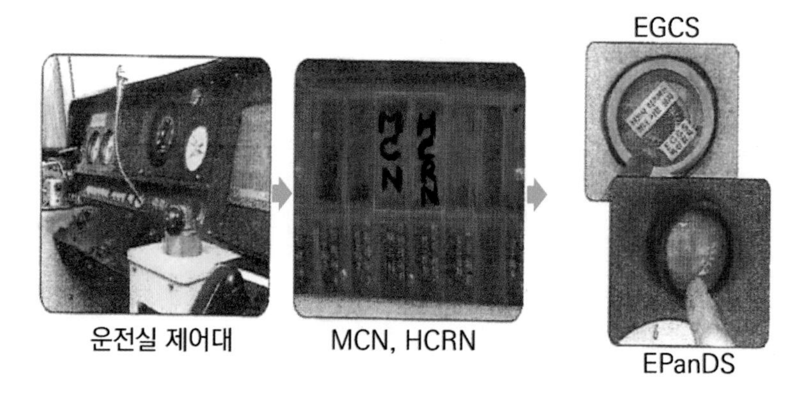

[과천선 VVVF 전기동차 Pan, 상승, 하강회로]

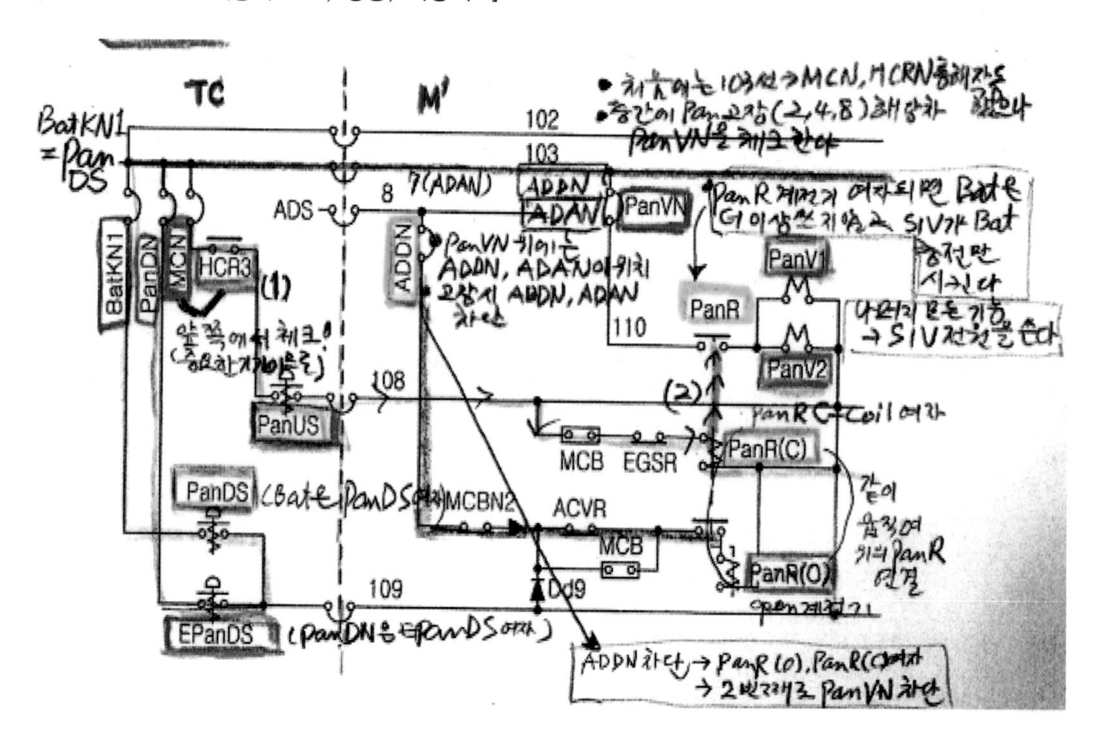

[학습코너] [과천선 전체 및 일부Pan 상승 불능 시 조치사항]

1. 과천선 전체 Pan 상승 불능 시 조치사항
   - 103선 가압여부 확인(축전지 전압 현시 및 모니터 점등여부로 확인)
   - MCN 차단여부 확인 복귀
   - HCRN 차단여부 확인 복귀(HCRN 차단 시 운전실 각 종 표시등 소등)
   - MCB 차단여부 확인(차단상태에서 투입조건 형성)
   - 전, 후 운전실 EPanDS, EGCS 동작여부 확인 복귀
   - 공기압력 확인(최초 기동시 ACM 공기)
   - 전부운전실 상승 불능 시 후부운전실에서 Pan 상승
2. 과천선 일부 Pan 상승 불능 시 조치사항
   - PanVN 차단확인
   - MCBN2 차단확인(DC)
   - Pan 콕크 확인
   - MS 취급확인(4호선)(MS: Master Switch)
   - MCB 차단상태 확인
3. 과천선 팬터그래프(Pan) 상승조건
   ① 제어전원이 있을 것(직류모선인 103선 가압상태)
   ② 전부운전실(HCR)이 선택되고, MCN, HCRN이 ON 상태
   ③ 공기압력(ACM)이 확보되어 있을 것
   ④ 교류구간에서 비상접지제어스위치(EGCS)가 동작되어 있지 않을 것
   ⑤ 전,후 운전실 비상팬터하강스위치(EpanDS)가 눌려져 있지 않을 것
   ⑥ 주차단기(MCB)가 차단되어 있을 것
   ⑦ 각 M′차 PanVN ON 상태 및 Pan공기관 콕크 차단여부 확인(해당차만)

예제 과천선VVVF 전기동차 전체 Pan 상승 불능 시 조치사항으로 아닌 것은?

가. MCN 차단여부 확인 복귀

나. HCRN 차단여부 확인 복귀

다. 전체 MCB 차단여부 확인

라. 전부운전실 PanDS, EGCS 동작여부 확인 복귀

해설 '전, 후 운전실 EPanDS, EGCS 동작여부 확인 복귀'가 맞다.

예제 **과천선VVVF 전기동차 전체 Pan 상승 불능 시 전체 주차단기(MCB) 차단여부를 확인한다.**

정답 (O)

예제 **과천선VVVF 전기동차 전체 Pan 상승 불능 시 확인사항이 아닌 것은?**

가. EPanDS 투입(동작)여부
나. MCN차단 여부
다. HCRN 차단 여부
라. ADAN차단여부

해설 'ADAN차단여부'는 전체 Pan 상승 불능 시 확인 사항에 해당되지 않는다.

[전체 Pan 상승 불능 시 확인사항]

① 축전지 전압 74V 이상을 확인
② 전체 주차단기(MCB)차단 여부 확인
③ 전부 TC차 MCN, HCRN 차단 여부 확인(MCN, HCRN 중요하니까 전부에서 취급해야 한다. 즉, 기관사가 손만 대면 작동할 수 있고 곳에 위치해야 하기 때문이다.)
④ 전, 후부운전실 EPanDS, EGCS ACM공기 충기 여부 확인(ACMLp 소등 확인)
⑤ 후위 운전실에서 취급하여 볼 것

예제 **과천선VVVF 전기동차 Pan관련 EPanDS 고장 시 제어차 운전실 배전반 내 PanDN OFF후 후부운전실에서 추진운전한다.**

정답 (O)

예제 **과천선VVVF 전기동차 전체 Pan 상승 불능 시 조치사항으로 아닌 것은?**

가. MCN, HCRN 차단여부 확인 복귀
나. ACM 공기ㅣ 충기 여부 확인
다. 전체 MCB 차단여부 확인
라. 전부 TC 차EBCOS 동작여부 확인

해설 '전부 TC 차EBCOS 동작여부 확인'은 전체 Pan 상승 불능 시 조치사항으로 아니다.

예제 과천선VVVF 전기동차의 전차선이 단전인 경우 Pan이 상승되어 있어도 모니터에 Pan하강으로 표시된다.

정답 (O)

3. 1개 유니트 전체 PAN 상승 불능 시 조치

조치 7 1개 유니트(M′차) 전체 Pan 상승 불능 시 조치

[3개의 유니트(Unit)로 구성된 과천선 VVVF전기동차]

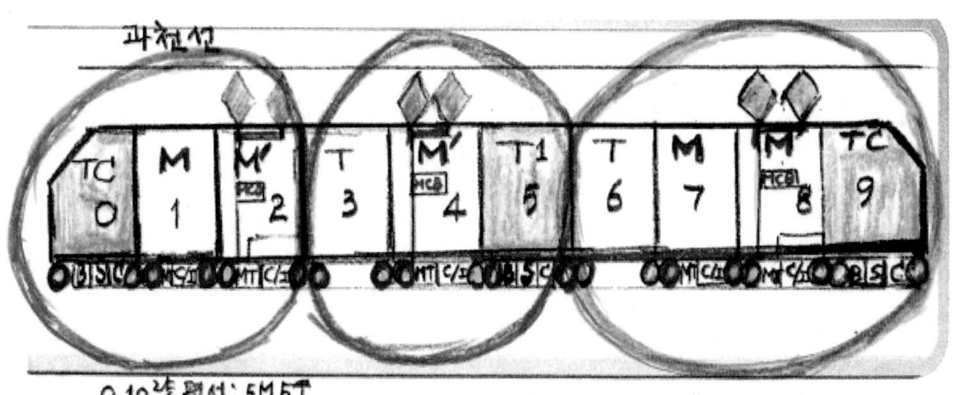

가. 1개 유니트(M′차) 전체 Pan 상승 불능 시 현상

① MCB 양소등(ON, OFF 모두 안 들어 옴)(MCB전체 작동: ON등, MCB전체 작동(X): OFF)

② 모니터 상 "해당 M′차 Pan하강"으로 표시

나. 1개 유니트(M′차) 전체 Pan 상승 불능 시 조치

① 해당 M′차의 배전반 PanVN 확인

② 해당 M′차 의자 밑의 Pan 콕크(4개) 확인

※ DC구간 해당유니트 M′차 배전반의 MCBN2 차단여부 확인

[ACM공기 사용처]

① Pan상승

② MCB투입

③ L1투입

④ Pan콕크

예제 **과천선VVVF 전기동차 1개 유니트 전체 Pan상승 불능 시 조치로 틀린 것은?**

가. 해당 M′차의 배전반 PanVN 확인

나. 해당 M′차 의자 밑의 Pan 콕크(4개) 확인

다. DC구간 해당유니트 M′차 배전반의 MCBN2 차단여부 확인

라. 해당 M′차의 배전반 MR코크 확인

해설 '해당 M′차의 배전반 MR코크 확인'은 1개 유니트 전체 Pan상승 불능 시 조치로 틀린 것이다.

예제 **과천선VVVF 전기동차 1개 유니트 전체 Pan상승 불능 시 조치로 틀린 것은?**

가. 교직절환 직후 MCB양소등되고, ACV등 및 DCV등 양소등된다.

나. 모니터 상 "해당 M′차 Pan하강"으로 표시

다. MCB양소등되고, 해당 M′차의 배전반 PanVN 확인

라. DC구간 해당유니트 M′차 배전반의 MCBN2 차단여부 확인

해설 교직절환 직후 MCB양소등되지만 ACV등 및 DCV등은 양소등되지 않는다.

예제 1개 유니트 전체 Pan 상승 불능 시 모니터 상 M'차 Pan 상승으로 표시된다.

정답 (O)

예제 1개 유니트 전체 Pan 상승 불능 시 해당 M'차 의자 밑의 Pan콕크 4개를 확인한다.

정답 (O)

예제 전부운전실 EPanDS취급 후 복귀불능 시 전부운전실 PanDN 차단 후 후부운전실에서 추진 운전한다.

정답 (O)

예제 **과천선VVVF 전기동차에 관한 설명으로 틀린 것은?**

가. 일부차량 Pan상승 불능 시 해당M'차 의자 밑의 Pan 콕크 4개를 확인하여야 한다.
나. 운행 중 전차선 단전 시 모니터에는 Pan 하강으로 표시된다.
다. 후부운전실 Test스위치는 전차량 MCB 투입 불능과 무관하다.
라. PanV 이전 콕크 차단 시 해당차량 MCB 투입 불능이다.

해설 '후부운전실 Test스위치는 전차량 MCB 투입 불능'이 맞다.

예제 **과천선VVVF 전기동차 EGS용착 시 Pan 상승 순간 전차선이 단전된다.**

정답 (O)

제5장

전체 MCB 투입불능 시 조치·1개 유니트 MCB 투입불능 시 조치·ACArr 동작 시 조치·EGS 동작 시 조치

전체 MCB 투입불능 시 조치 · 1개 유니트 MCB 투입불능 시 조치 · ACArr 동작 시 조치 · EGS 동작 시 조치

1. 전체 MCB 투입불능 시 조치

조치 8 전체 주차단기(MCB) 투입불능 시 조치

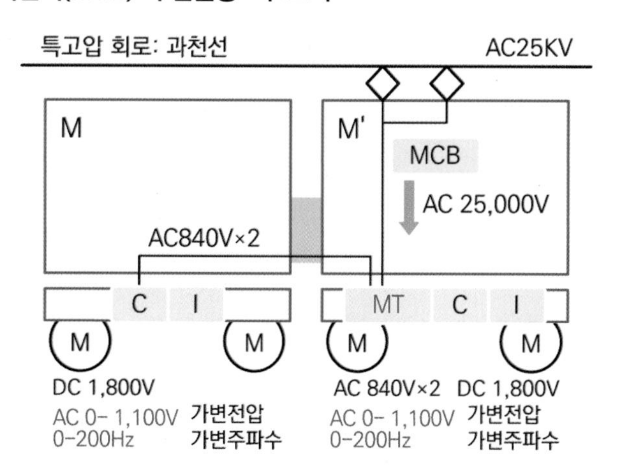

[과천선 VVVF 전기동차 교류구간 특고압 회로]

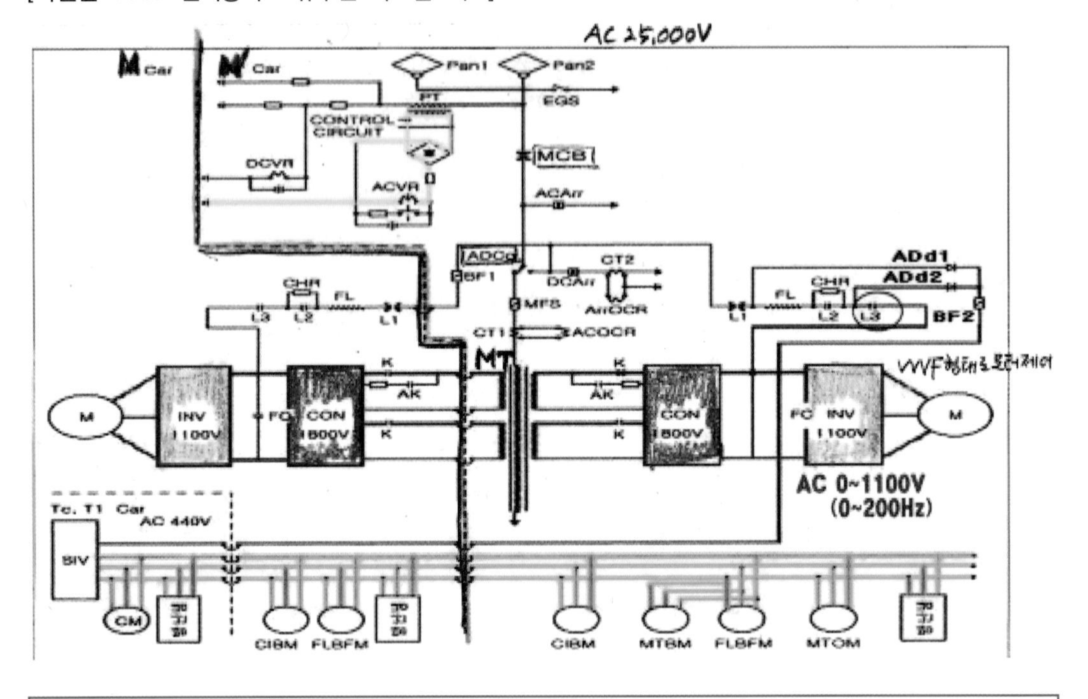

[주차단기 MCB(Main Circuit Breaker)]

시험에 제일 많이 출제되는 중요한 분야

MCB 투입 - M차 옥상에 있고, 교류구간 운전중

1) 전기기의 고장
2) 과대전류
3) 이상전압에 의한 장애
4) 교류피뢰기 방전 등

이상 발생 시 전차선 전원과 전기동차 간의 회로를 신속히 차단

※ 직류구간에서는 회로차단이 아닌 개폐 역할만 수행

- 차단: 부하가 걸린 상태에서 차단(교류는 전압이 항상 변하므로 0점을 찾아 신속하게 차단이 가능, 직류는 시간에 따라 전압이 일정하므로 식속 차단이 안 된다.
- 직류구간에서는 개폐만 하고 교류에서 MCB역할하는 것이 직류에서는 고속도차단기이다)
- 개폐: 부하가 다 꺼진 상태에서 열어주고 닫아 주는 역할

[MCB투입차단 작동과정]

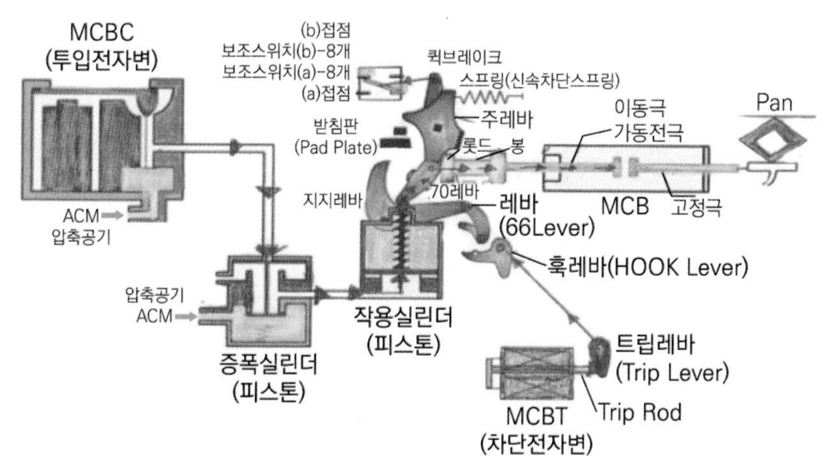

가. 전체 주차단기(MCB) 투입불능 시 현상: MCB OFF등 점등

① Pan, MCB → MCN, HCRN 거쳐서 온다.

② ATS: MCN, HCRN 거쳐서 온다

③ ATC: MCN 쪽으로 오지 않고 HCRN 쪽으로만 내려 온다.

④ MCBR1: 여자되어야 MCB투입

⑤ MCBR2: MCB 자동 재투입

⑥ MCBR3: MCB 차단되었을 때

⑦ MCBOR1: C/I계통의 과전류 시 – Converter 2,500A 과전류 시(1개)

⑧ MCBOR2: MCB사고차단 – ACOCR, GR, AGR, AFR, AFR, MTOMR, ArrOCR(6개)

⑨ 직류구간 MCB2차단: Pan이 하강한다.

나. 전체 주차단기(MCB) 투입불능 시 조치

① Pan 상승 여부 및 전차선 단전 여부 확인(ACVR, DCVR여자 안 되면)

② 주차단기 투입스위치(MCBCS)취급하여 MCBHR 동작음 확인

③ 교직절환스위치(ADS) 정위치 확인(필요 시 접점 밀착 확인)

④ 전부 TC차 MCN, HCRN ON

⑤ 공기압력 확인(MR공기 또는 ACMLp확인)(꺼지면 공기 충만)

⑥ 전, 후부운전실 Test 스위치 동작 확인

⑦ 후위 운전실에서 취급하여 볼 것(Pan상승 시도 후부에서 취급 시도해 볼 것)

[전체 MCB 투입 불능 시 확인 사항]

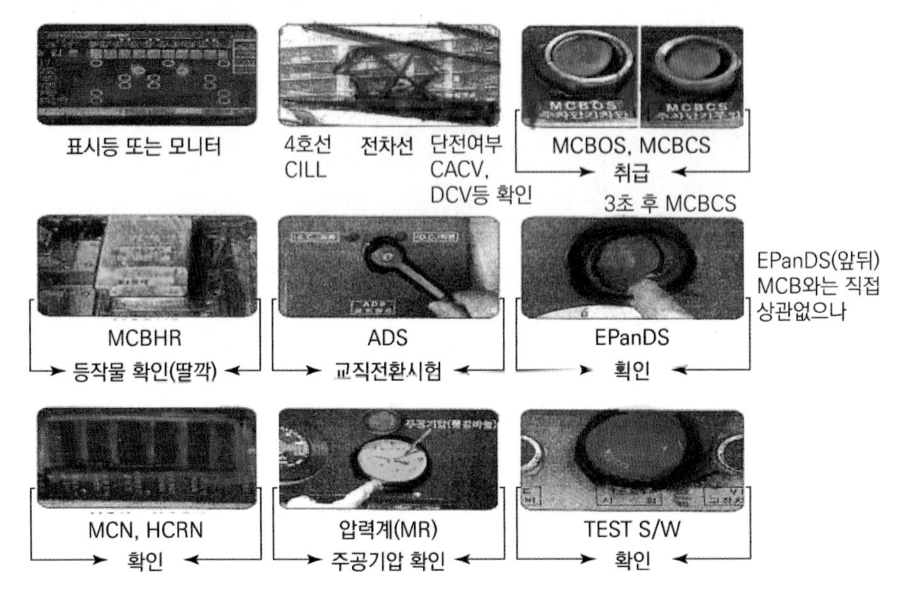

예제 과천선VVVF 전기동차 전체 MCB투입불능 시 조치사항으로 아닌 것은?

가. 교직절환스위치(ADS) 정 위치 확인

나. 주차단기 개방스위치(MCBOS)취급하여 MCBHR 동작음 확인

다. 전부 TC차 MCN, HCRN ON

라. Pan 상승 여부 및 전차선 단전 여부 확인

해설 주차단기 투입스위치(MCBCS)취급하여 MCBHR 동작음 확인

예제 과천선VVVF 전기동차 전체 MCB투입불능 시 조치사항으로 아닌 것은?

가. 공기압력 확인(MR공기 또는 ACMLp확인)

나. 전후부 TC차 MCN, HCRN ON

다. 전, 후부운전실 Test 스위치 동작 확인

라. 교직절환스위치(ADS) 정 위치 확인(필요 시 접점 밀착 확인)

해설 '전부 TC차 MCN, HCRN ON'이 맞다.

[전체 MCB투입불능 시]

① Pan 상승 여부 및 전차선 단전 여부 확인(ACVR, DCVR여자 안 되면)
② 주차단기 투입스위치(MCBCS)취급하여 MCBHR 동작음 확인
③ 교직절환스위치(ADS) 정위치 확인(필요 시 접점 밀착 확인)
④ 전부 TC차 MCN, HCRN ON
⑤ 공기압력 확인(MR공기 또는 ACMLp확인)(꺼지면 공기 충만)
⑥ 전, 후부운전실 Test 스위치 동작 확인
⑦ 후위 운전실에서 취급하여 볼 것

예제 **과천선VVVF 전기동차 전체 MCB투입불능 시 조치사항으로 틀린 것은?**

가. 전부 TC차 MCN, HCRN ON

나. Pan 상승 여부 및 전차선 단전 여부 확인

다. MC Key ON확인

라. 전, 후부운전실 Test 스위치 동작 확인

해설 'MC Key ON확인'은 전체 MCB투입불능 시 조치 사항에 포함되지 않는다.

예제 **과천선VVVF 전기동차 전체 MCB투입불능 시 확인사항으로 틀린 것은?**

가. 전부 TC차 MCN, HCRN ON

나. ACMCS를 누르면 불이 소등되어 있다가 손을 놓으면 점등된다.

다. 주차단기 투입스위치(MCBCS)취급하여 MCBHR 동작음 확인한다.

라. 전, 후부운전실 Test 스위치 동작을 확인한다.

해설 ACMCS를 누르면 불이 점등되어 있다가 손을 놓으면 소등된다.

예제 **과천선VVVF 전기동차의 ACArr동작 시 MCB를 순차적으로 투입시켜서 고장차량을 확인한다.**

정답 (O)

예제 **MCBN2트립 시 직류구간 해당차 Pan 하강된다.**

정답 (O)

예제 **과천선VVVF 전기동차가 교류에서 직류로 절연구간을 통과할 때 어떤 M'차의 MCB가 기계적 고착인 경우의 현상 및 조치에 관한 설명 중 틀린 것은?**

가. 즉시 EPanDS를 취급하고 40km/h이하로 감속하여 절연구간을 통과하여야 한다.

나. 최근 역 도착 후 EPanDS를 복귀하고 Pan을 재상승하면 고장 M'차의 Pan은 상승하지 않는다.

다. Pan 상승 불능차를 확인하여 완전부동 취급하고, 연장급전 후 Reset취급하면 Fault등과 차측백색등이 소등된다.

라. 교직 절환 직후 MCB양소등되고, ACV등 및 DCV등 양소등된다.

해설 교직 절환 직후 MCB양소등되지만, ACV등 및 DCV등 양소등되지 않는다.

예제 **과천선VVVF 전기동차 전체 MCB ON 등, MCB OFF등, Power등 점등 불능 시 조치로 맞는 것은?**

가. LPCS ON확인

나. PLPN ON확인

다. MON, MOAN확인

라. DIPN확인

해설 **[MCB ON 등, MCB OFF등, Power등 점등 불능 시 조치]**

① 후부 TC차 표시등회로차단기(PLPN) ON확인

② 전구 절손여부 확인

2. 1개 유니트 투입불능 시 조치

조치 9 1개 유니트 주차단기(MCB) 투입불능 시 조치

[과천선 유니트별 MCB]

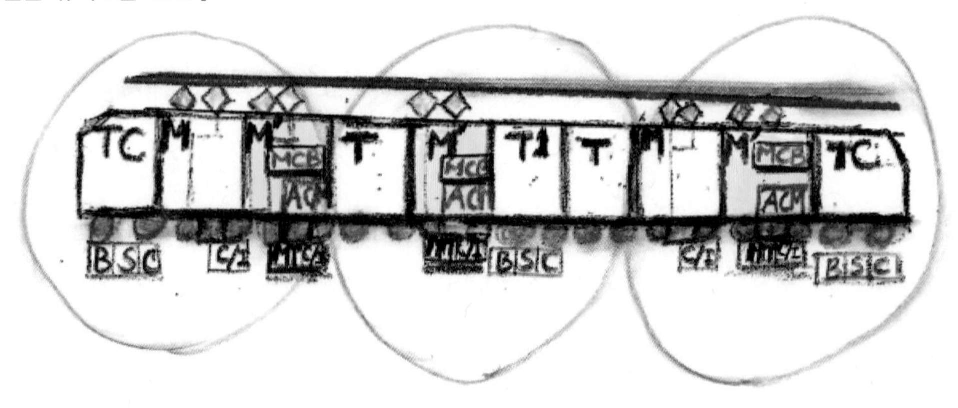

가. 1개 유니트 주차단기(MCB) 투입불능 시 현상: MCB 양소등

※ ON or OFF등이 들어와야 하나 양소등 들어오면 비정상이다.

나. 1개 유니트 주차단기(MCB) 투입불능 시 조치

① 해당 유니트 Pan상승 확인(PanVN차단(해당 차 배전반 내) Pan콕크(의자 밑)차단, 직류구간 MCBN2차단)(직류구간 MCBN2차단하면 Pan하강, 교류구간에서는 Pan하강하지 않고 MCB만 차단)

② ADAN, ADDN, MCBN1, MCBN2, MTMON, MTBMN 차단 여부 확인

③ M, M′차 CIN확인

④ 해당차 MCB 공기관 콕크 확인

※ 교류구간에서 변압기 문제 생기면 MCB차단시킨다.

※ MT: C/I와 SIV로 전기가 전달되므로 항상 식혀 주어서 최적의 상태를 유지해야 한다.

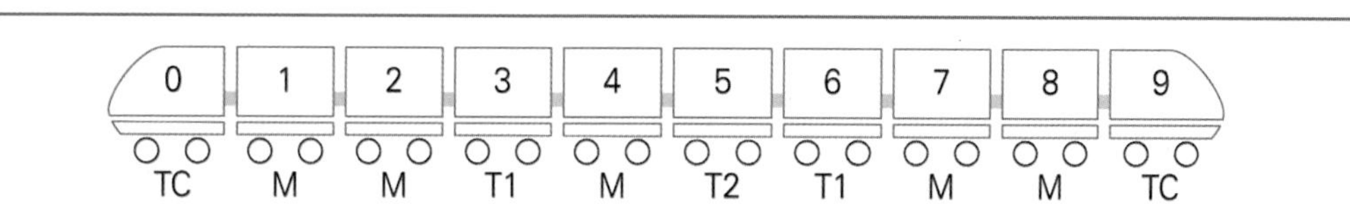

- 10량 편성은 5M 5T로 구성됨
- Pantograph, MCB, MT, C/I, TM: 1호차, 2호차, 4호차, 7호차, 8호차
- SIV, CM, Battery: 0호차, 5호차, 9호차

예제 **다음 과천선 VVVF전기동차 1개 유니트 주차단기(MCB) 투입 불능 시 조치가 아닌 것은?**

가. ADAN, ADDN, MCBN1, MCBN2, MTMON, MTBMN 차단 여부 확인

나. 해당 유니트 Pan상승 확인

다. M, M′차 CIN과 SIVN 확인

라. 해당차 MCB 공기관 콕크 확인

해설 ‘M, M′차 CIN 확인’이 맞다.

예제 **다음 과천선 VVVF전기동차 1개 유니트 주차단기(MCB) 투입 불능 시 조치가 아닌 것은?**

가. 해당 유니트 Pan상승 확인

나. M, M'차 CIN확인

다. 해당차 MCB 공기관 콕크 확인

라. 해당 유니트 Pan하강 확인(PanVN차단, Pan콕크 차단, 직류구간 MCBN2차단)

해설 '해당 유니트 Pan상승 확인(PanVN차단, Pan콕크 차단, 직류구간 MCBN2차단)'이 맞다.

예제 **다음 과천선 VVVF전기동차가 AC 구간에서 해당 유니트 MCB차단 시 확인하여야 할 회로 차단기로 맞는 것은?**

가. MCN

나. ICVN

다. BVN

라. HCRN

해설
- MCN트립 시 전체 MCB차단, MCN복귀 시 MCB가 자동 투입된다.
- ICVN트립 시 모니터에 해당차 "SIV통신 이상"현시, 60초 후 MCB가 차단된다.

예제 **다음 과천선 VVVF전기동차에 대한 설명 중 틀린 것은?**

가. MCB 차단이 불량인 차량은 Pan상승이 되지 않는다.

나. Pan상승 코일이 소자되면 Pan이 하강된다.

다. 교직절환 직후 주차단기(MCB)양소등 시는 즉시 EPanDS 취급한다.

라. EGS 동작 시는 MCB OFF등 점등 및 SIV등 소등된다.

해설 Pan하강은 PanR(O)하강 코일이 여자되어야 한다.

예제 **다음 과천선 VVVF전기동차가 MCB 불량 시 발생하는 현상이 아닌 것은?**

가. 교류 → 직류구간 진입 시 순간 ArrOCR동작으로 전차선 단전

나. 교류 → 직류 절연구간 진입 시 교직절환 순간 모니터에 "AC과전류(1차)"현시

다. MFs용손 상태로 직류 → 교류구간 진입 시 MCB투입되었다가 약 60초 후 차단

라. 직류 → 교류 운전 시 교직절환 순간 MFs용손으로 MCB OFF등 점등

해설 교류 → 직류구간 진입 시 순간 DCArr동작으로 전차선 단전

예제 다음 과천선 VVVF전기동차의 다음 현상에 따른 동작원인으로 맞는 것은?

A. 해당차 MCB차단(MCB양소등)
B. 모니터에 "AC과전류(1차)" 표시됨
C. Fault등 및 해당 M′차 차측백색등 점등

가. ArrOCR 동작 **나. ACOCR 동작**
다. ACArr 동작 라. COR2 동작

해설 ACOCR이 동작되면 A. B. C 현상이 일어난다.

3. ACArr동작 시의 현상 및 조치

조치 10 교류피뢰기(ACArr)동작 시의 현상 및 조치

※ Arrester: 교류구간 운전할 때 낙뢰 등을 잡아준다.
※ Arrester가 터지면 천둥소리가 난다.
※ 승객들이 어느 차에서 폭음이 일어났는지를 기관사에게 알려준다.

[ACArrester & DCArrester]

ACArrester

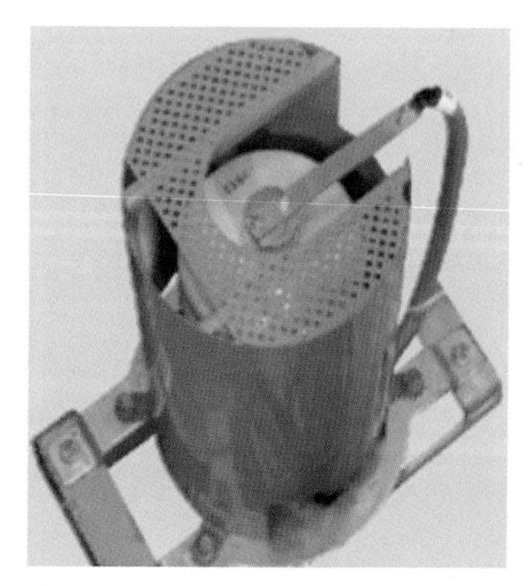
DCArrester

가. 교류피뢰기(ACArr) 동작시기

교류구간 운전 중 낙뢰에 따른 서지(Surge) 전압(높은 전압) 발생 시

나. 교류피뢰기(ACArr) 동작 시 현상

전차선 전원표시등(ACV) 소등, MCB OFF등 점등(평시 ACV점등하고 가다가 Arrester가 터지면 ACV가 소등된다)

다. 교류피뢰기(ACArr) 동작 시 조치

① 순차적으로 주차단기(MCB)를 투입시켜 피뢰기 동작차량 확인
② 해당 차 완전 부동 취급 후 연장급전 조치

[지붕위의 특고압 기기]

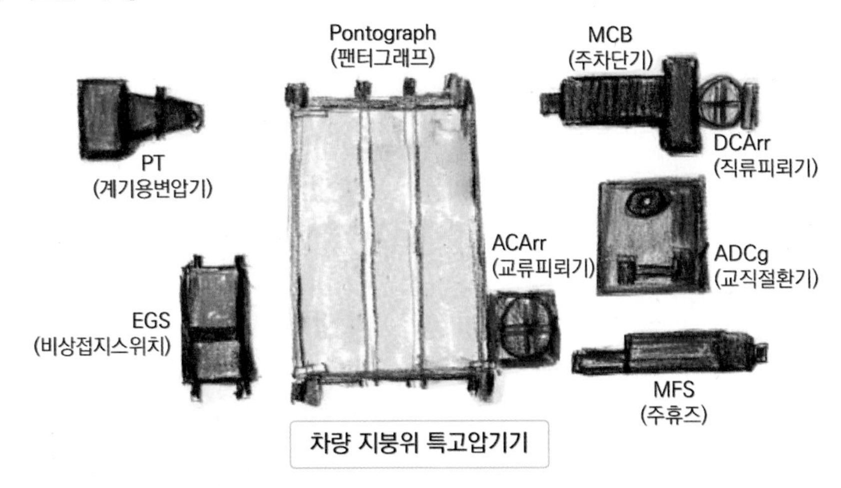

차량 지붕위 특고압기기

4. EGS 동작 시의 조치(AC구간)

조치 11 EGS 동작 시의 조치(AC구간)

[비상접지스위치(Emergency Ground Switch: EGS)]

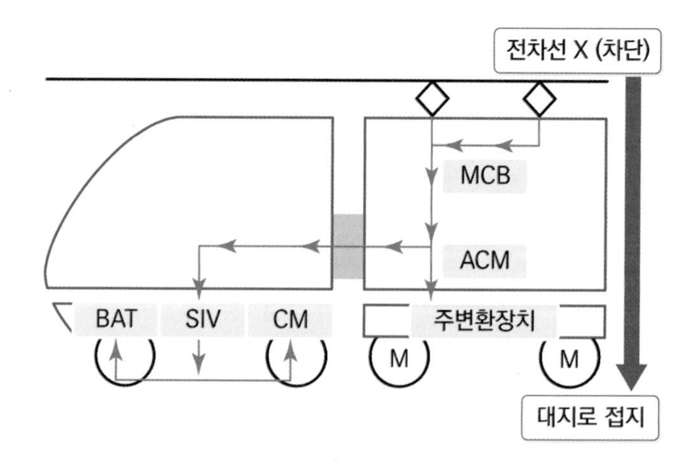

[과천선(KORAIL) VVVF 전기동차 회로도]

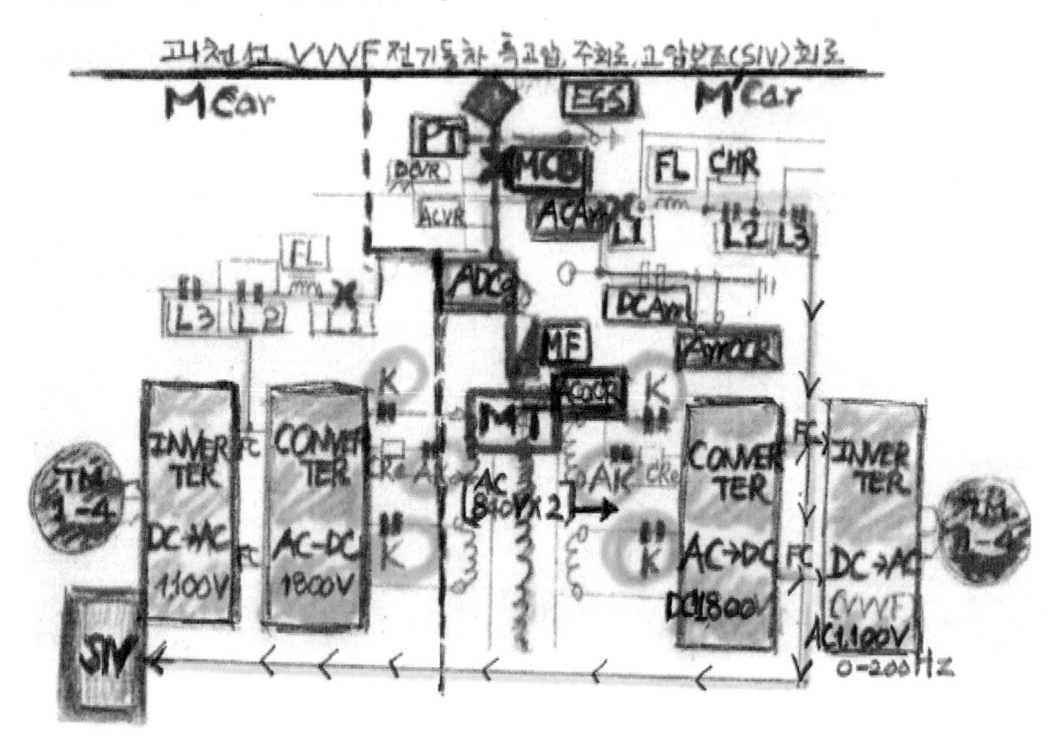

가. EGS 동작 시 원인: TC, M′차 EGCS 취급 시

① EGCS: 2대 TC(TC1, TC2)차와 3대의 M′(2호, 4호, 8호) → 모두 5개 차에 위치
② EGS: 지붕 위에 위치하며 AC25KV를 땅으로 접지시킨다. 땅에 접지 통로를 만들어 놓아 전류가 전동차 접촉을 불가능하게 한다.
③ EGS: EGS의 "칼날 같은 쇠"가 25KV 통과하기 때문에 녹아버린다: EGS 용착

나. EGS 동작 시 현상

① 전차선 단전 발생으로 전차선 전원표시등(ACV등) 소등(ACV등 켜고 오다가 ACV등 소등된다)(EGS는 Section(전기구간) 내에서 변전소에 단전현상 발생시킨다)
② MCB OFF점등 SIV 등 소등
③ EGS동작 시는 Pan 상승 불능
④ EGCS 복귀 취급하였으나 EGS 용착 시는 Pan 상승 순간 단전

다. EGS 동작 시 조치

① EPanDS 동작에 의하여 MCB차단, Pan하강이 되지 않을 때, 혹은 기지 등에서 검수작업할 때 안전을 위해 EGS 설치(EGS: 변전소를 통해 전차선을 차단시킨다.)
② TC차 또는 M′차 배전반 내의 EGCS(5개 차)를 조작하면 EGS가 투입되어 Pan의 베이스 프레임을 직접 접지시켜 변전소 차단기를 Trip시켜 사고의 확대를 방지
③ 교류구간에서만 사용하기 위하여 ACVR a접점과 DCVR의 b접점을 거쳐 EGSV 동작

[검수 작업 시]

1. KORAIL: EGS취급
2. 4호선: MS취급

[EGS동작원리]

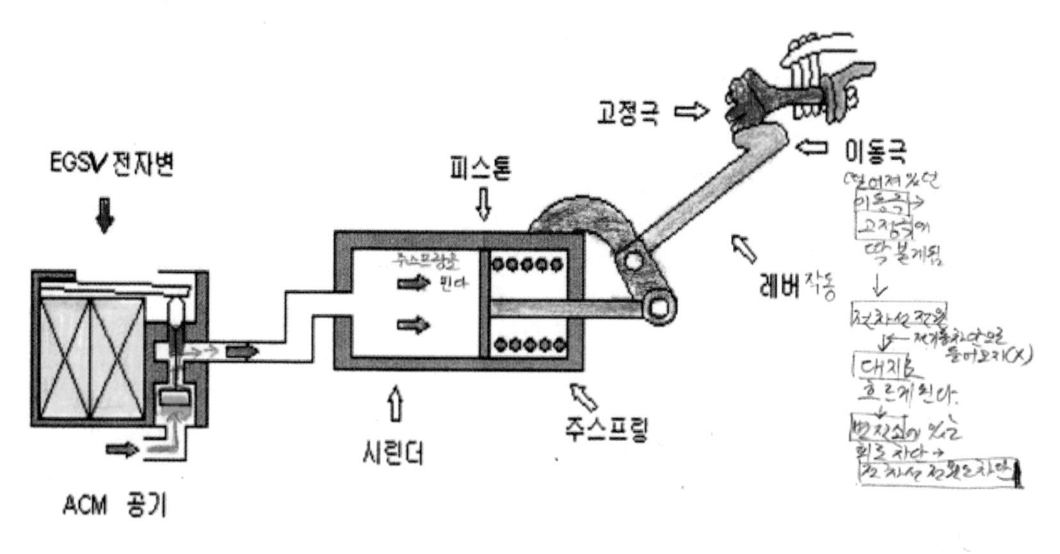

[EGS동작회로]

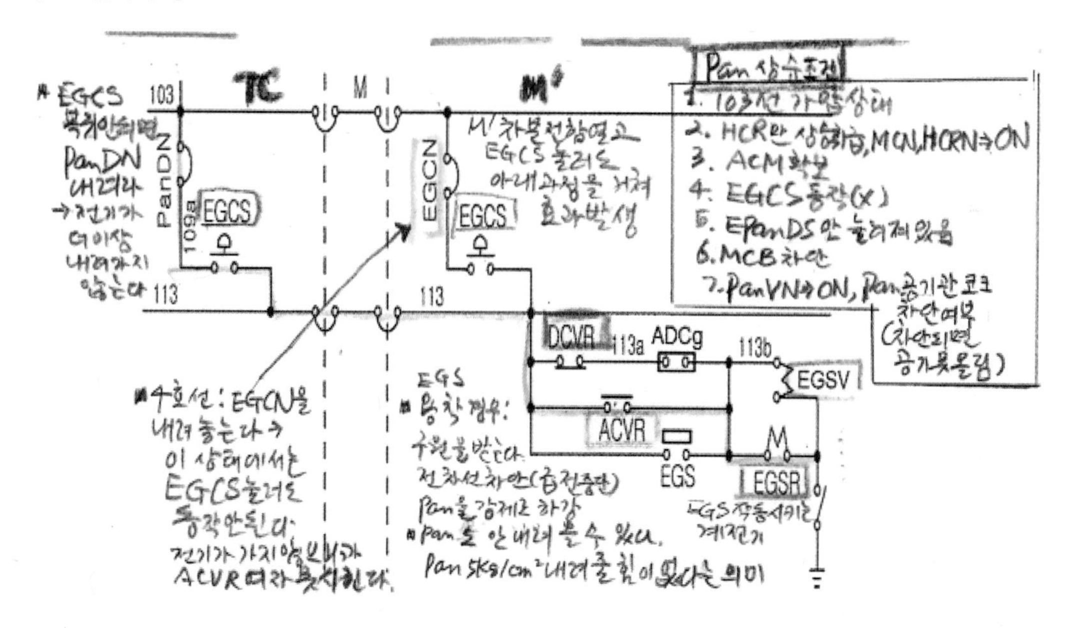

예제 **다음 중 과천선 VVVF전기동차 고장 시 조치에 대한 설명으로 틀린 것은?**

가. EGCS복귀불능 시 전부TC차 PanDN OFF후에 전부운전실에서 정상운전

나. 전부 TC차 1지변 이후 파열 시 조치 후에 전부 TC차 주공기압력게이지 현시불능

다. 제동불완해 발생 시 제동제어기 완해위치에서 CPRS 취급

라. 구동차 EOD 작용불능 시 제동취급하면 해당 유니트 회생 및 공기제동 불능

해설 전부 TC차 2지변 이후 파열 시 조치 후에 전부 TC차 주공기압력게이지 현시불능

예제 **과천선 VVVF전기동차 비상접지스위치(EGCS)고장 시 제어차 운전실 배전반 내 PanDN OFF 후 전부운전실에서 운전한다.**

정답 (O)

예제 **다음 중 과천선 VVVF전기동차 고장 시 조치에 대한 설명으로 틀린 것은?**

가. 전차선 단전 발생으로 전차선 전원표시등(ACV등) 소등, MCB OFF등이 점등된다.

나. 교류구간에서만 사용하기 위하여 ACVR a접점과 DCVR의 b접점을 거쳐 EGSV 동작

다. EGS동작 시는 Pan 상승이 불능이다.

라. EGCS복귀 후 Pan 재상승 시 EGS가 용착된 차량의 Pan은 상승하지 않는다.

해설 EGCS복귀 취급하였으나 EGS가 용착되었을 경우 Pan 상승 순간 단전된다.

[교직절환기(ADCg)의 작용]

AC → DC 구간 진입

스위치 AC→DC로
전환→MCB차단

선바위역→남태령역

1. 기관사 ADS DC전환
2. MCB 차단(반드시 MCB가 차단되어야)
   (MCB역할: Pan에서 받은 전원을 각종 특고압 기기들을 작동시켜 모터를 돌릴 수 있게 만든다.)(MCB를 모두 차단시켜서 DC전환에 대비한다)
3. AC측 ADCg 전자변 소자
   DC측 ADCg 전자변 여자
4. Blade(가동편) → DC측 고정접촉부 투입으로 회로 전환

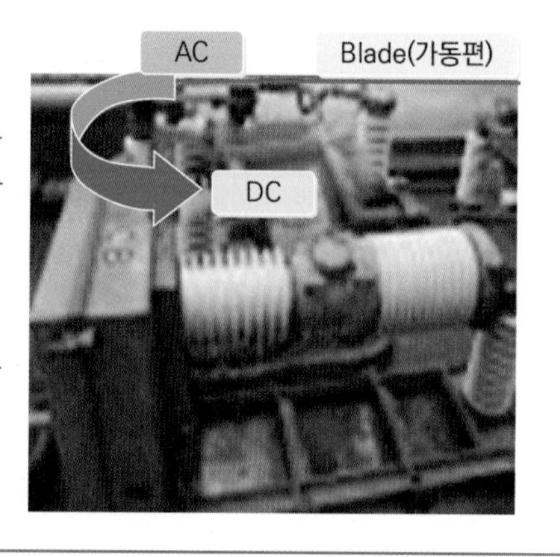

제6장

교직절환 직후 MCB 양 소등 시 조치 · 교직절환(AC → DC) 순간 전차선 단전 발생 시 조치 · 교직절환구간(DC → AC)통과 후 MCB ON등 점등되었다가 MCB 양소등 현상 발생 시 조치 · 교직절환 후 MCB ON등 계속 점등

제6장

교직절환 직후 MCB 양 소등 시 조치·교직절환(AC → DC) 순간 전차선 단전 발생 시 조치·교직절환구간(DC → AC)통과 후 MCB ON등 점등되었다가 MCB 양소등 현상 발생 시 조치·교직절환 후 MCB ON등 계속 점등

1. 교직절환 직후 MCB 양 소등 시 조치

조치 12 교직절환 직후 MCB 양 소등 시(ON, OFF 모두 꺼짐) 조치

가. 교직절환 직후 주차단기(MCB) 양 소등 시(ON, OFF 모두 꺼짐) 동작원인

① MCB기계적 고착

② 교직절환 조작(AC → DC) MCBN1

※ MCBN1 트립: MCB−T Coil 여자 안 된다.

※ MCBN1: DC구간에서는 작동되지 않는다.

※ ADAN: 기능상으로 MCBN1으로 간주하자.

※ 만약 큰 폭음이 발생하면 DCArr, ArrOCR로 보면 된다.

나. 교직절환 직후 주차단기(MCB) 양 소등 시 현상

교직절환 직후 MCB 양소등(OFF등이 정상이다)(OFF가 정상인데 어디엔가 전기가 통하고 있다.)

다. 교직절환 직후 주차단기(MCB) 양 소등 시 조치

① 즉시 EPanDS 취급(EPanDS 취급 안 하면 다른 병발사고 일어날 수 있다)
AC → DC(선바위 → 남태령) 운전 시는 40km/h 이하 운전(절연구간 이전에서 차단)(절연구간에 와서 Pan이 하강된다.)

② DC → AC(남태령 → 선바위) 운전 시는 그대로 운전(절연구간 이전에서 차단)

③ 최근역 도착 후 EPanDS를 복귀 후 Pan 상승

④ 모니터 또는 육안으로 Pan상승 불능 차 확인(MCB차단 불능차 확인)

⑤ 제동제어기(BC)핸들, 마스콘 키(MC Key) 취거 및 휴대

⑥ MCB 차단 불능차 MCBN1을 확인 후 이상 없을 시 완전부동 취급 후 연장급전 후 MCB 투입

※ 완전부동취급: Pan하강시키고 운전

[MCB-T(MCB-Trip) 동작회로]

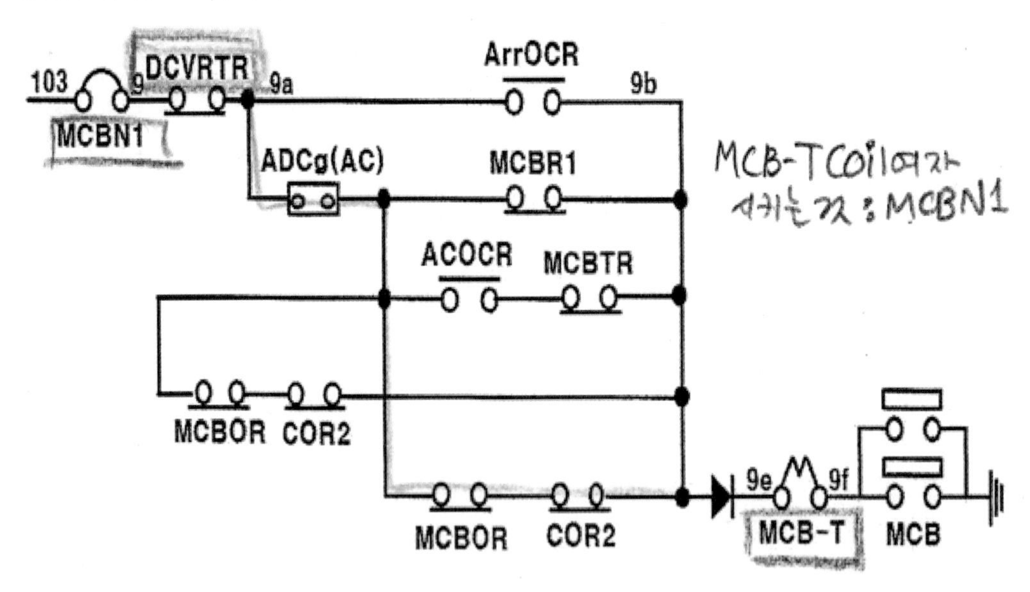

[교직절환 조작]

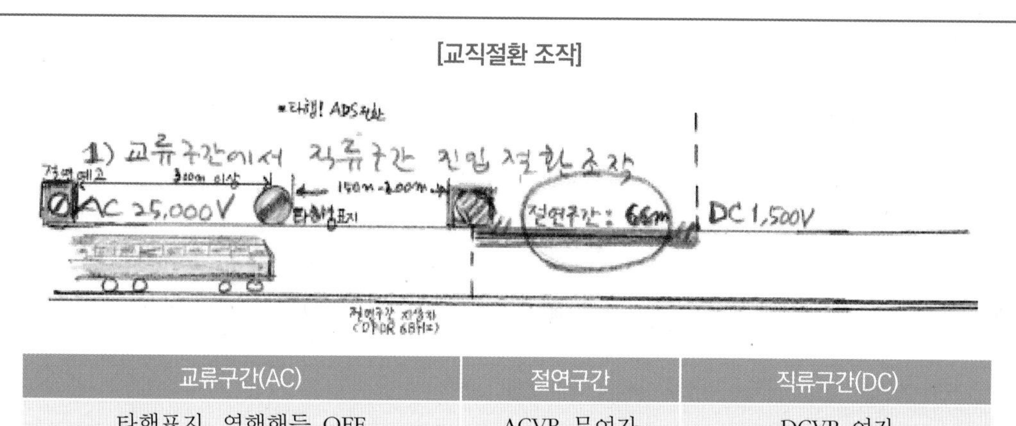

교류구간(AC)	절연구간	직류구간(DC)
타행표지, 역행핸들 OFF	ACVR 무여자	DCVR 여자
교직절환스위치(AC → DC)절환	ACVRTR 무여자	DCVRTR 여자
7선 무가압(8선 가압)		MCBR1 여자 직류전압 가압순서대로 MCB투입 (순차투입, 차량 하나하나씩)
MCBR1 MCBR2무여자 MCBT－Coil 여자 → MCB 차단		전차량 MCB 투입확인 (MCB ON 등 점등확인)
MCBR에 의해 재편성 주차단기(MCB)차단 MCB OFF등 점등(일체차단)		역행표지에서 역행운전
교직절환기(ADCg)직류측으로 절환		

[과천선(KORAIL) VVVF 전기동차 회로도]

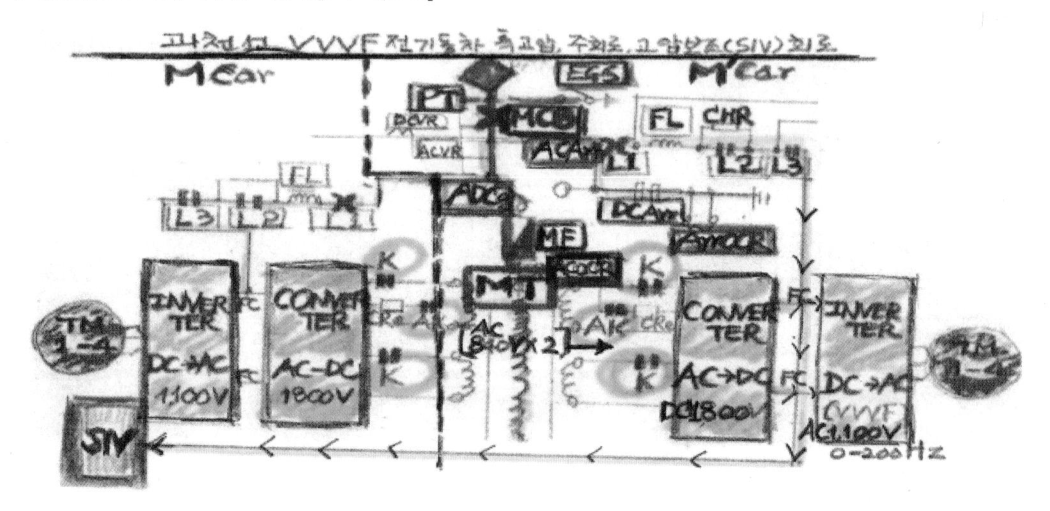

[학습코너] 모진보호

원인: MCB 절연 불량(절연파괴)((MCB진공상태에서 오래되어 역할을 다하지 못하니까 MCB내부기기끼리 떨어져야 하는데 서로 연결(통)해버린 것이다. 즉, 떨어져야 하는데 전기가 통한다.)
MCB 차단제어가 이루어져도 특고압회로는 통전상태이므로 모진발생
① 직류모진: 교류측 구성 → 직류구간 진입 → 주 휴즈(MFs)용손으로 보호
② 교류모진: 직류측 구성 → 교류구간 진입 → DCArr 통전 → ArrOCR 동작, 전차선 단전
※ 단전 시는 즉시 Epands취급으로 단전방지 발생 방지 및 MCB불량확인 시 완전부동취급 및 연장급선 시행

[직류모진과 교류모진]

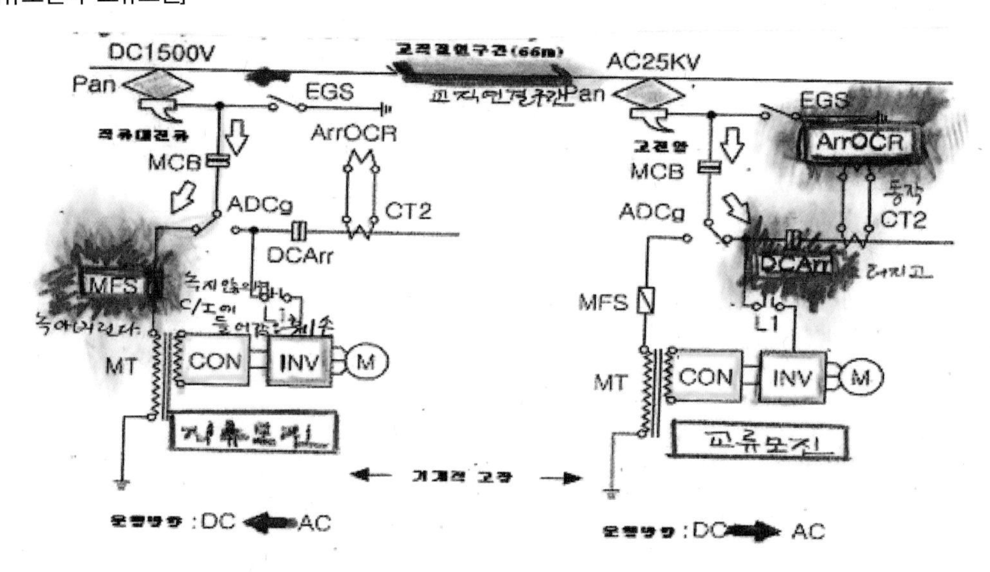

[교류구간에서 직류구간 진입 시 운행도]

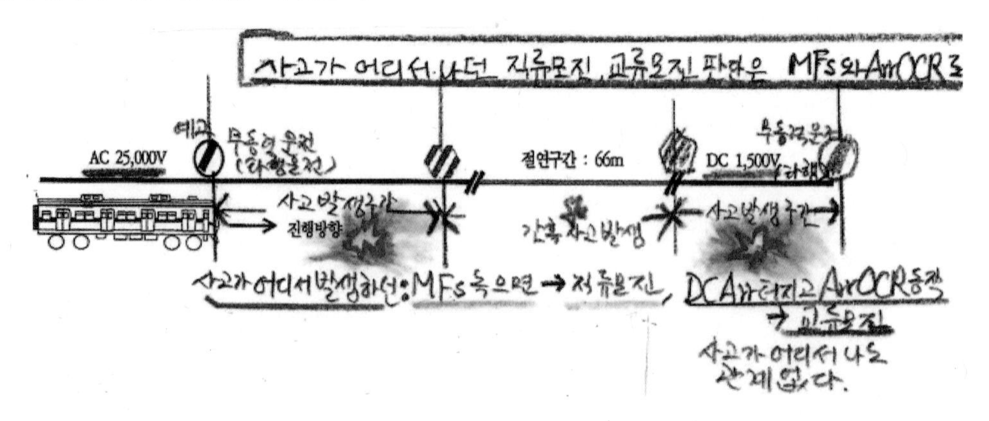

2. 교직절환(AC → DC)순간 전차선 단전 발생 시

조치 13 교직절환(AC → DC)순간 전차선 단전 발생 시

※ "펑 소리가 나면 DCArr → ArrOCR이구나"

※ "펑 소리가 나면 교류모진이구나"

[교류 → 직류 절환, 교직절연구간]

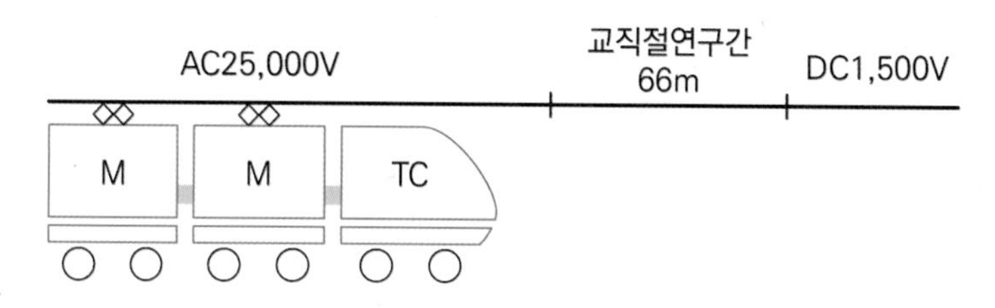

가. 교직절환(AC → DC)순간 전차선 단전 발생 동작원인

MCB절연불량에 따른 직류피뢰기(DCArr) 동작(ArrOCR)

예제 교직절환(AC → DC)순간 전차선 단전 발생 시 동작원인은?

정답 MCB절연불량에 따른 직류피뢰기(DCArr) 동작(ArrOCR)

나. 교직절환(AC → DC)순간 전차선 단전 발생 현상

① 전차선 전원표시등(AC등) 소등(AC구간인데도 불구하고 AC등이 소등)

② MCB OFF등 점등(지금은 ArrOCR에 의한 MCB OFF상태)

③ Fault등 점등 및 해당 M'차 차측 백색등 점등(MCB사고차단 경우)

④ 모니터에 "AC과전류"(1차) 현시(ArrOCR이므로 AC과전류 현시)(조치16.ACOCR참조. ACOCR동작 시에도 AC과전류 표시)

※ 3개의 차측등

- 백색: 차측
- 적색: 출입문
- 황색: 비상경보

다. 교직절환(AC → DC)순간 전차선 단전 발생 조치

정상이 아닌 상태(지붕에서 소리가 나므로)

① 즉시 EPanDS취급 후 최근정거장 도착 후 복귀

② AC → DC 운전 시 M′차 차측백색등 점등, 또는 승객들의 제보("펑"하는 소리에 의해)에 해당 유니트 완전부동 취급, 연장급전 조치

③ 리셋스위치(RS)취급하여(정상되면) Fault등 및 차측백색등 소등(다른고장에 대비해서 소멸시킨다)

예제 **다음 중 교류에서 직류구간으로 진행하는 과천선 VVVF전기동차 교직절환(AC → DC)순간 전차선 단전 시 발생 현상으로 틀린 것은?**

가. 전차선 전원표시등(AC등) 소등(AC구간인데도 불구하고 AC등이 소등)

나. MCB OFF등 점등(지금은 ArrOCR에 의한 MCB OFF상태)

다. Fault등 점등 및 해당 M′차 차측 백색등 점등(MCB사고차단 경우)

라. 모니터에 "AC과전압"(1차) 현시

해설 '모니터에 "AC과전류"(1차) 현시'가 맞다.

[교직절환(AC → DC)순간 전차선 단전 시 발생 현상]

- 전차선 전원표시등(AC등) 소등(AC구간인데도 불구하고 AC등이 소등)
- MCB OFF등 점등(지금은 ArrOCR에 의한 MCB OFF상태)
- Fault등 점등 및 해당 M′차 차측 백색등 점등(MCB사고차단 경우)
- 모니터에 "AC과전류"(1차) 현시

예제 **다음 중 교류에서 직류구간으로 진행하는 과천선 VVVF전기동차의 전부 Pan이 교직절환구간에 정차 시 조치사항이 아닌 것은?**

가. ATC구간에서 전후진제어기를 전후진제어기를 후방위치로 이동 시 15모드 현시

나. 퇴행 시 차장은 후부 상태를 확인하고 이례상황 발생 시 즉시 PanDS취급

다. 교직절환스위치(ADS)가 AC위치로 이동하면 교류구간 내 정차한 유니트 주차단기가 자동투입

라. 운전관제사에게 퇴행 요청

해설 '퇴행 시 차장은 후부 상태를 확인하고 이례상황 발생 시 즉시 차장변 취급'이 맞다.

예제 **다음 중 교류에서 직류구간으로 진행하는 과천선 VVVF전기동차의 후부 Pan이 교직절환구간에 정차 시 현상이 아닌 것은?**

가. 직류전차선표시등(DCV)점등
나. 보조전원장치(SIV)점등
다. MCB양소등
라. 교류전차선표시등(ACV)점등

해설 '직류전차선표시등(DCV)점등'이 맞다.

[후부 Pan 이 교직절환구간에 정차 시 현상]

- MCB양소등
- 직류전차선표시등(DCV)점등
- 보조전원장치(SIV)점등

예제 **다음 중 직류 → 교류 절연구간에서 ADS절환 시 동작하는 기기와 가장 거리가 먼 것은?**

가. MCBR1
나. DCVRTR
다. MCBR2
라. ADCg

해설 직류에서 교류로의 절연구간에서 ADS절환 시 ACVRTR이 동작한다.

3. 교직절환구간(DC → AC)통과 후 MCB ON등 점등되었다가 MCB 양소등 현상 발생 시 조치

조치 14 교직절환구간(DC → AC)통과 후 MCB ON등(투입 후) 점등되었다가 MCB 양소등 현상 발생 시 조치

※ MCB ON등(투입 후) 점등: MCB투입 후 60초 지난 후(절연구간 지난 다음)

※ MCB 양소등 현상 발생 시: MCB전기가 계속 통한다는 의미

※ 60초: 1차측, 2차측(C/I)지나서 3차측(SIV)까지 도달하는 시간 → SIV정지까지 소요시간

가. 동작원인

MCB 절연 불량(해당차 MCB차단 → MCB양소등)(정상상태: MCB ON or OFF등이 되어야 한다.)

예제 과천선 VVVF전기동차 교직절환구간(DC→AC) 통과 후 교류구간에 진입하여 MCB가 투입되고 60초가 지나서 MCB가 차단되어 MCB 양소등 현상 발생한 경우 그 원인은?

정답 MCB 절연 불량

나. 현상

교류구간 진입 후 해당 M′차 MCB 투입 후 50초가 지나 차단되어 MCB 양소등

다. 조치

① 최근정거장 도착 후 주퓨즈 용손 여부 확인

② 주퓨즈 용손 M′차 완전부동 취급 후 연장급전

[주차단기 절연불량 시 모진회로]

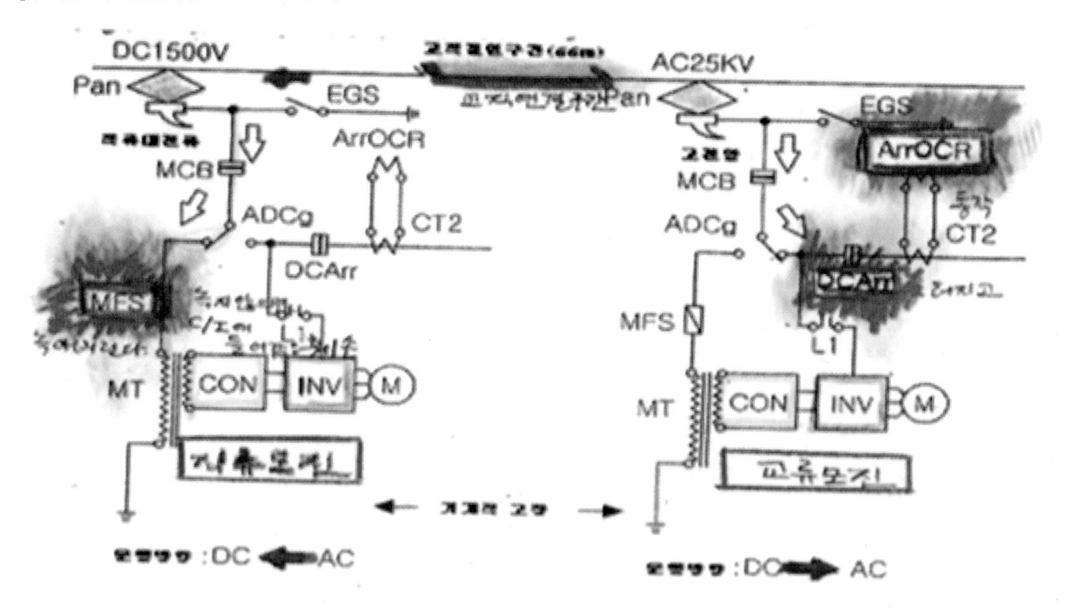

예제 과천선VVVF 전기동차의 중간 Pan이 교교절연구간 정차 시 설명으로 잘못된 것은?

가. MCB양소등

나. 절연구간을 통과하여 정차 후 MCBCS 취급

다. 후부 유니트 배전반 내 ADAN, ADDN OFF

라. 후부 유니트 배전반 내 PanVN OFF

해설 절연구간 통과 후 최근정거장에 도착하여 복귀하고 MCBOS → MCBCS 취급

[중간 Pan이 교교절연구간 정차 시 현상 및 조치]

① 현상: MCB양소등, AC등, SIV등 점등

② 조치

- 후부 유니트 배전반 내 ADAN, ADDN, PanVN OFF
- 절연구간 통과 후 최근정거장에 도착하여 복귀하고 MCBOS → MCBCS 취급

[교직 절환 시 MCB차단불능으로 EpanDS 취급]

1. 직류구간: 모든 차량의 Pan이 즉시 하강되나
2. 교류구간: 해당 고장차량의 Pan이 절연구간에 진입해야 Pan 하강(ACVR 소자로)

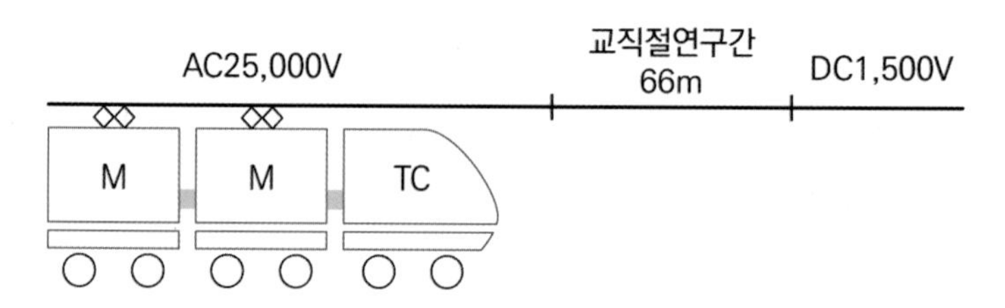

교직(교류-직류로 넘어갈 때)절환 시 MCB 차단불능으로 EPanDS 취급하면?

- 기관사가 ADS(교직절환스위치: AC → DC Change-Over Switch)스위치를 전환하면 제일 먼저 MCB가 차단된다. 25,000V의 고압AC가 DC로 갑자기 들어온다면 DC관련기기들은 모두 다 망가진다. 그래서 MCB가 당연히 차단되어야 한다.
- 일부차량에서 MCB 한 대가 차단 불능이 발생되었다. → 즉각적으로 EPanDS를 취급해주어야 한다.

4. 교직절환 후 MCB ON등 계속 점등

조치 15 교직절환 후 주차단기(MCB) ON등 계속 점등 (외우기!)

※ ADS 절환 후 정상이면 MCB OFF등 들어와야 한다.

※ MCB ON등이 들어오는 것: 계속 전기가 통하고 있다는 것

가. 교직절환 후 주차단기(MCB) ON등 계속 점등 동작원인

후부운전실 MCB TRIP 코일 여자불능으로 후부운전실에서 계속적으로 MCB 투입

① 2선 단선

② HCR2 b접점불량

③ MCBHR Trip 코일 자체 불량

나. 교직절환 후 주차단기(MCB) ON등 계속 점등 현상

MCB ON 점등

다. 교직절환 후 주차단기(MCB) ON등 계속 점등 조치

① 즉시 EPanDS를 취급(AC → DC 운전 시는 40km/m 이하 운전)

② 최근역 도착 EPanDS복귀, Pan상승, MCB 투입 후 전도운전

③ 종착역 도착, 운전실 교환 후 후부운전실 MCN을 OFF 후 전도운전 입고 조치

[(1) 2선단선 (2) HCR2접점불량 (3) MCBHR Trip Coil 불량]

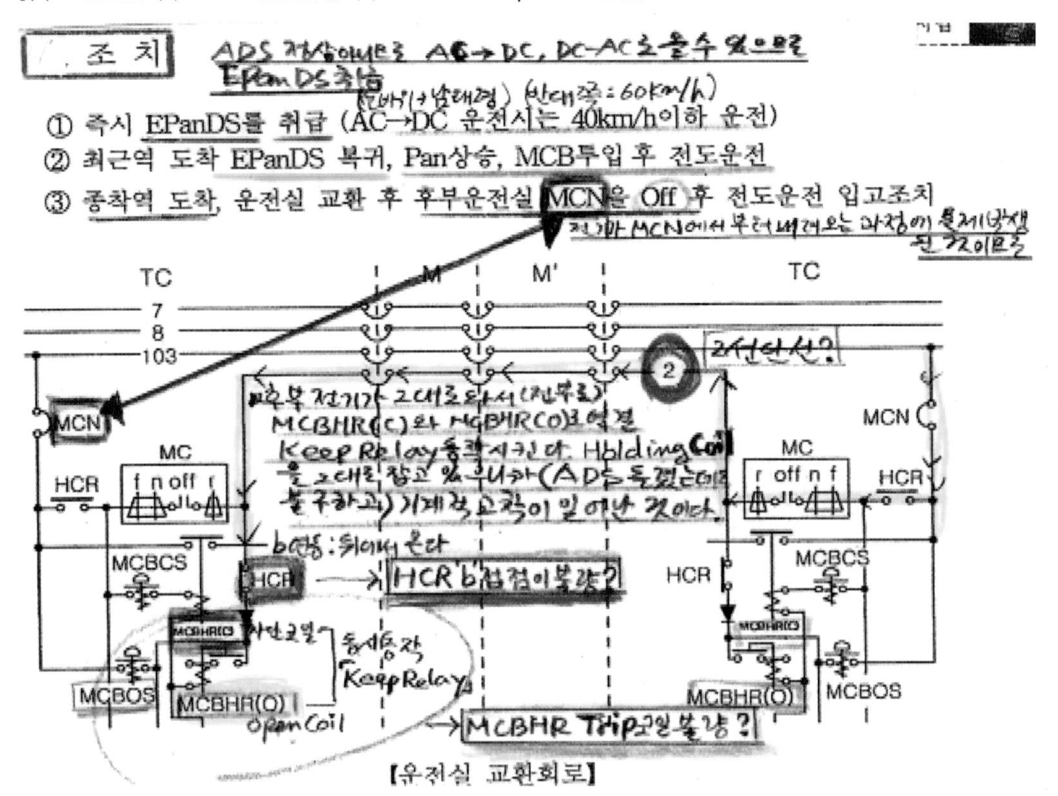

【운전실 교환회로】

[만약에 MCB 한 대가 차단 불능이 발생되어 EPanDS를 누르게 되면?]

- 나머지 정상차량들은 PanR계전기가 여자되어 Pan이 하강이 된다.
- 차단 불능인 MCB 차량은 Pan상승한 채로 그대로 운행된다.
- 왜? 절연구간에서는 ACVR(교류전압계전기: AC Voltage Relay): 교류구간에서 PT(계기용변압기)를 통해서 AC전원인지 DC전원인지를 확인해 준다)가 소자되어 있기 때문이다.
- b접점으로 되어 있으니까 절연구간, 또는 직류구간에서 ACVR이 무여자 된다. 비로소 PanR하강계전기가 여자 즉, 해당차량의 Pan이 절연구간에 진입해야만 비로소 ACVR이 소자되어 Pan이 하강된다.

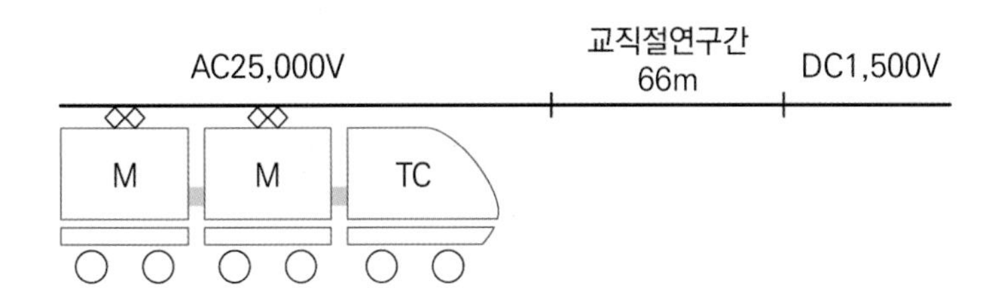

예제 **다음 중 교직절환 후 주차단기(MCB) ON등 계속 점등 시 원인 및 조치사항으로 틀린 것은?**

가. 직류→교류(DC→AC) 운전 시는 즉시 EPanDS를 취급 후 50km/h 이하 운전

나. 최근역 도착 EPanDS복귀, Pan상승, MCB 투입 후 전도운전

다. 종착역 도착, 운전실 교환 후 후부운전실 MCN을 OFF 후 전도운전 입고 조치

라. MCBHR Trip 코일 자체 불량

해설 '즉시 EPanDS를 취급(AC→DC 운전 시는 40km/h 이하 운전)'이 맞다.

[원인]

- 2선 단선
- HCR2 b접점 불량
- MCBHR Trip 코일 자체 불량

[조치]

- 즉시 EPanDS를 취급(AC→DC 운전 시는 40km/h 이하 운전)
- 최근역 도착 EPanDS복귀, Pan상승, MCB 투입 후 전도운전
- 종착역 도착, 운전실 교환 후 후부운전실 MCN을 OFF 후 전도운전 입고 조치

예제 **다음 중 교교 절연구간을 통과 시에 기관사가 취급해야 할 기기의 정당한 취급은?**

가. MCBCS취급

나. Reset Switch취급

다. Notch OFF

라. ADS취급

해설 교교 절연구간을 통과 시에 기관사가 취급해야 할 기기는 Notch를 OFF한다.

제7장

교류과전류 1차 발생 시 조치·
C/I 고장 시 조치·SIV 고장 시 조치·
MTAR 고장 시 조치·MT 과열 시 조치·
송풍기 고장 시 조치

제7장

교류과전류 1차 발생 시 조치·C/I 고장 시 조치·SIV 고장 시 조치·MTAR 고장 시 조치·MT 과열 시 조치·송풍기 고장 시 조치

1. 교류과전류 1차 발생 시 조치

조치 16 교류과전류 1차 발생 시 조치

가. 교류과전류 1차 발생 시 동작원인

주변압기 1차측 과전류로 교류과전류계전기(ACOCR) 동작

[과천선(KORAIL) VVVF 전기동차 회로도]

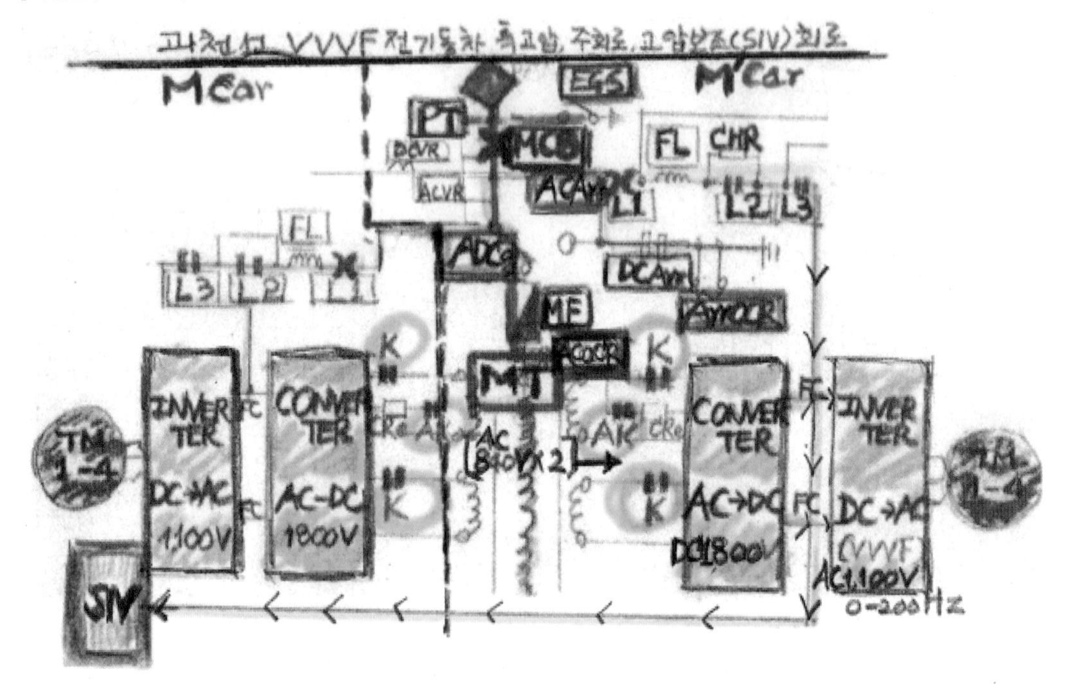

나. 교류과전류 1차 발생 시 현상

① 모니터에 “AC 과전류(1차)” 표시 됨(ACOcr, ArrOCR 똑같이 “AC 과전류(1차)” 표시 됨)(DCArr터지면 ArrOCR 동시에 터진다)

② 해당 차 MCB차단(MCB 양소등)

③ Fault등 및 해당 M′차 차측백색등 점등

다. 교류과전류 1차 발생 시 조치

① 모니터 및 차측등으로 고장차 확인

② MCBOS → RS(Reset) → 3초 후 MCBCS 취급

③ 복귀불능 시 Pan하강 BC취거 후 10초 후 재기동(10초 후: OVCRf(과전압방전사이리스터) 충전에 소요되는 시간)(‘완전부동’ 아니다)(BC취거해야 103선 등 초기상태로 돌아간다.)

④ 재차 발생 시 해당차 완전부동 취급 후 연장급전(ADAN, ADDN, PanVN 등을 모두 차단해 버린다)

※ 완전부동 취급: ADAN, ADDN, PanVN 등을 모두 차단해 버린다.

[MCB-T(Trip) 동작회로]

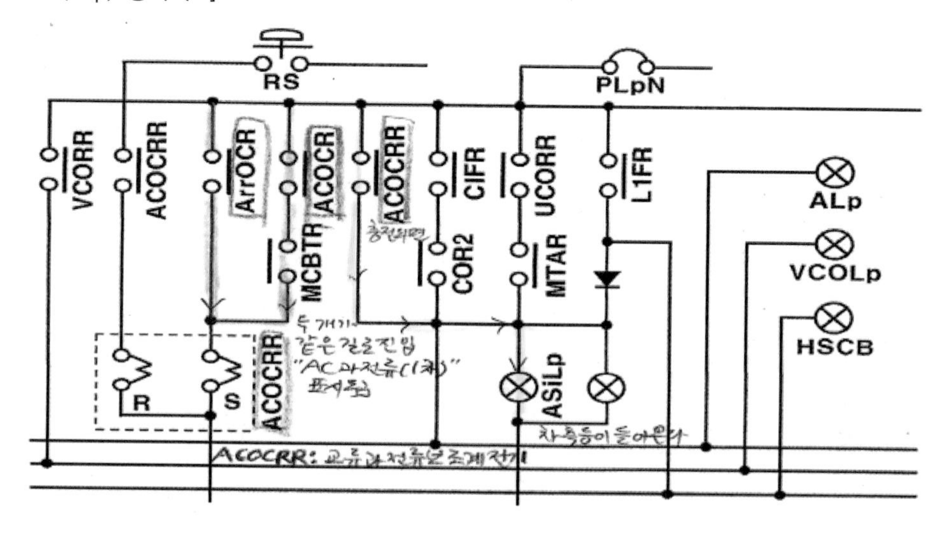

예제 과천선VVVF 전기동차 교류과전류 1차 발생 시 현상으로 틀린 것은?

가. 모니터에 "AC 과전류(1차)" 표시됨

나. 해당 차 MCB차단(MCB 양소등)

다. Fault등 및 해당 M'차 차측백색등 점등

라. 전원표시등 소등

해설 '전원표시등 소등'은 교류과전류 1차 발생 시 현상이 아니다.

[교류과전류 1차 발생 시 현상]

① 모니터에 "AC 과전류(1차)" 표시 됨
② 해당 차 MCB차단(MCB 양소등)
③ Fault등 및 해당 M'차 차측백색등 점등

예제 과천선VVVF 전기동차 교류과전류 1차 발생 시 현상 및 조치로 틀린 것은?

가. MCBOS → RS(Reset) → 3초 후 MCBCS 취급

나. 복귀불능 시 Pan하강 BC취거 후 10초 후 재기동

다. 재차 발생 시 해당차 완전부동 취급 후 Reset

라. 해당 차 MCB차단(MCB 양소등)

해설 교류과전류 1차 발생 시 현상 및 조치로서 '재차 발생 시 해당차 완전부동 취급 후 연장급전'이 맞다.

예제 **과천선VVVF 전기동차 교류 과전류 1차 발생 시 현상 및 조치로 틀린 것은?**

가. 모니터에 "AC 과전류(1차)" 표시된다.

나. 해당 차 MCB ON등과 MCB OFF등 둘다 소등된다.

다. 복귀불능 시 Pan하강, BC취거 후 10초 후 재기동한다.

라. 재차 고장 발생 시 VCOS 취급하여 해당 차량을 개방하고 연장급전한다.

해설 '제차 고장 발생 시 해당 차량 완선부동 취급 후 연장급전한다.'가 맞다.

2. 주변환기(C/I)고장 시 조치

조치 17 주변환기(C/I)고장 시 조치

가. 주변환기(C/I)고장 시 동작원인

주변환기(C/I) 고장으로 주변환기고장계전기(CIFR: Converter/Inverter Fault Relay)여자 또는 주차단기차단계전기(MCBOR) 무여자

[과천선 C/I(주변환장치)는 M′차, M차에 모두 있다.]

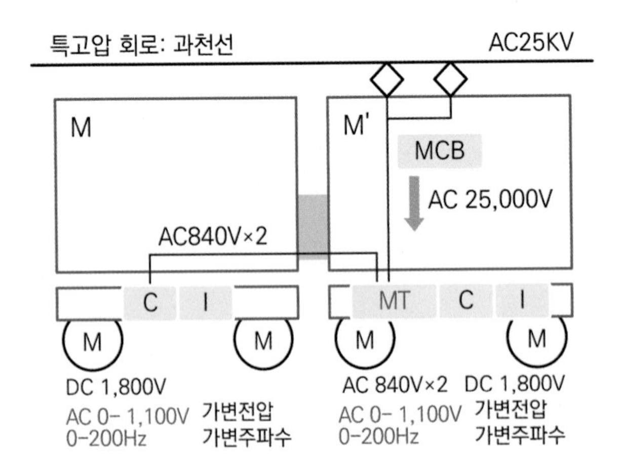

나. 주변환기(C/I)고장 시 현상

① Fault 등 및 고장차 차측백색등 점등(큰 고장은 Fault등 들어온다)

② 해당 차량 역행 및 회생제동 불능(MCB 차단되니까 C/I의 CIFR여자되므로 AC → DC, DC → AC전환시키지 못하므로 역행 불능)

[AC구간]

(1) M′차(MT있다): 해당차 MCB차단으로 MCB 양소등(MCB고장발생)

- 주변환기 중고장 발생으로 MCBOR 무여자 시 MCB 차단(차단해서는 안 되는 데에도)
  ※ 주변환기 중고장 발생 시에는 MCBOR 무여자 및 CIFR 여자 현상이 동시 발생(주변환기 중고장 발생 시 MCBOR계전기가 즉시 MCB차단)
- 주변환기고장계전기(CIFR)만 여자 시: 주변환기(C/I)정지 → 10초 후 SIV정지 → 송풍기 정지 → SIV 정지 60초 후 MTAR여자로 MCB차단
  ※ AC구간 M′차에 한해서 모니터에 "주변환장치", "송풍기정지", "주변압기 냉각기정지"현시

(2) M차(MT없다)

- M차 주차단기차단계전기(MCBOR)만 무여자 시 MCB 차단으로 MCB 양소등(차단해서는 안 된다)
- M차 주변환기고장계전기(CIFR)만 여자 시에는 MCB 차단 불능
  ※ 모니터에 "주변환기(C/I)정지"만 표시

[DC구간]

MCB차단은 없고 "주변환기(C/I)정지만 표시(DC구간에서는 ADCm을 거쳐 직접 인버터로 진입하므로)

예제 **다음 중 과천선VVVF 전기동차 주변환기(C/I) 고장 시 M차의 현상으로 틀린 것은?**

가. 주차단기차단계전기(MCBOR)만 무여자 시 MCB 차단으로 MCB 양소등

나. 주변환기고장계전기(CIFR)만 여자 시에는 MCB 차단 불능

다. 모니터에 "주변환기(C/I)정지"만 표시

라. 모니터에 '주변압기 정지', '송풍기 정지'현시

해설 주변환기(C/I) 고장 시 M차의 현상으로는 모니터에는 "주변환기(C/I)정지"만 표시된다.

[주변환기(C/I) 고장 시 M차(MT없다)의 현상]

- 주차단기차단계전기(MCBOR)만 무여자 시 MCB 차단으로 MCB 양소등
- 주변환기고장계전기(CIFR)만 여자 시에는 MCB 차단 불능

※ 모니터에 "주변환기(C/I)정지"만 표시

다. 주변환기(C/I)고장 시 조치

① 고장차 확인 후 MCBOS → RS → 3초 후 MCBCS취급 (4호선: RS → MCBOS → MCBCS취급)

② Pan하강, 제동제어기(BC)핸들 취거 후 → 10초 후 재기동

③ (1)번 (2)번 취급으로 복귀불능 시

- DC구간: MCBOS → VCOS → RS → 3초 후 MCBCS취급
- AC구간: M차: MCBOS → VCOS → RS → 3초 후 MCBCS취급

  M′차: 연장급전(우선 연장급전으로 전원을 끌어들이고) → MCBOS → VCOS(VCOS 취급하면 전원이 없어서 안 되므로) → → RS → 3초 후 MCBCS

[주변환기 고장 시 조치]

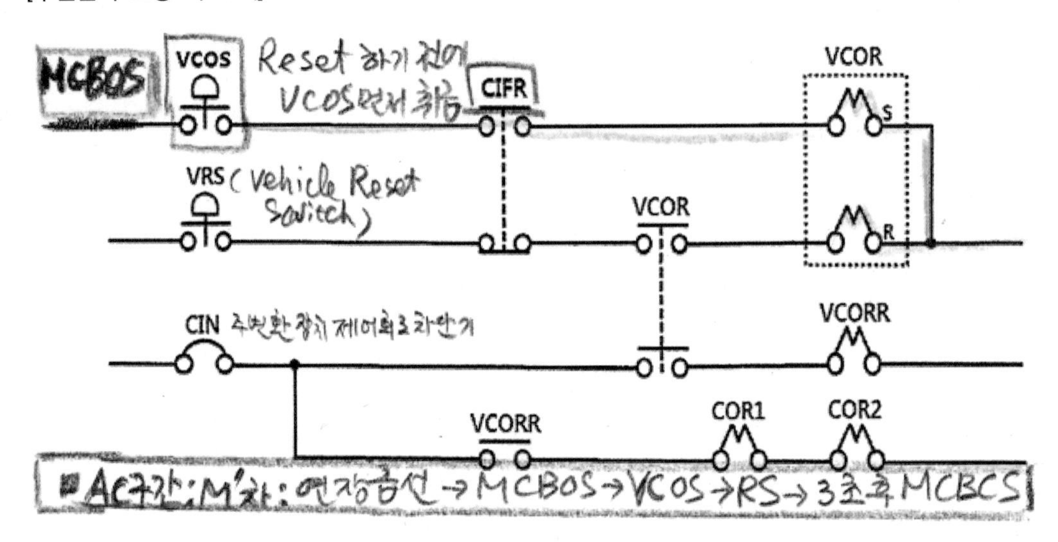

예제 다음 중 과천선 VVVF 전동차 주변환기(C/I)고장 시 조치로 아닌 것은?

가. 고장차 확인 후 MCBOS → RS → 3초 후 MCBCS취급

나. M차 이상인 경우 MCBOS → VCOS → RS → 3초 후 MCBCS취급

다. Pan하강, 제동제어기(BC)핸들 취거 후 → 10초 후 재기동

라. M′차 이상인 경우 연장급전 후 → MCBOS → RS → 3초 후 MCBCS

해설 M′차 이상인 경우 '연장급전 후 → MCBOS → VCOS →→ RS → 3초 후 MCBCS'가 맞다.

[과천선 VVVF 전동차 주변환기(C/I)고장 시 조치]

① 고장차 확인 후 MCBOS → RS → 3초 후 MCBCS취급
② Pan하강, 제동제어기(BC)핸들 취거 후 →10초 후 재기동
③ M차 이상인 경우 MCBOS → VCOS → RS → 3초 후 MCBCS취급
④ M′차: 연장급전 후 → MCBOS → VCOS → →RS → 3초 후 MCBCS

예제 다음 중 과천선 VVVF 전동차 주변환기(C/I)고장 시현상 및 조치로 틀린 것은?

가. M′차 이상인 경우 '연장급전 후 → MCBOS → VCOS →→ RS → 3초 후 MCBCS'가 한다.
나. Fault 등 및 고장차 차측백색등 점등
다. 주변환기 중고장 발생 시에는 MCBOR 여자 및 CIFR 여자 현상이 동시 발생
라. 모니터에 "주변환기 통신이상"이 현시될 때에는 고장차배전반의 CIN을 확인하고 복귀해야 한다.

해설 '주변환기 중고장 발생 시에는 MCBOR 무여자 및 CIFR 여자 현상이 동시 발생'이 맞다.

예제 다음 중 과천선 VVVF 전기동차 주변환기(C/I)고장에 관한 설명으로 틀린 것은?

가. 교류구간에서 주변환기고장계전기(CIFR)만 여자 시 주변환기(C/I)정지 → 10초 후 SIV정지 → 송풍기 정지 → SIV 정지 60초 후 MTAR여자로 MCB차단
나. 직류구간에서는 MCB차단은 없고 "주변환기(C/I)정지만 표시
다. M차 주차단기차단계전기(MCBOR)만 여자 시 MCB 차단으로 MCB 양소등
라. 주변환기(C/I)고장 시 해당차량 역행 및 회생불능이다.

해설 'M차 주차단기차단계전기(MCBOR)만 무여자 시 MCB 차단으로 MCB 양소등'이 맞다.

예제 다음 중 과천선 VVVF 전기동차에 대한 설명으로 틀린 것은?

가. 주변환기(C/I)고장 시 고장차 확인 후 MCBOS → RS → 3초 후 MCBCS취급
나. 운전자경계장치(DSD)불량 시 경고방송과동시 즉시 비상제동이 체결된다.
다. EGS용착 시 Pan 상승 순간 전차선이 단전된다.
라. 교류피뢰기(ACArr)동작 시 주차단기(MCB)를 순차적으로 투입해 본다.

해설 "안전운행 합시다"라는 경고방송과 함께 5초 후 비상제동 작동

예제 **다음 중 과천선 VVVF 전기동차에 관한 설명 중 틀린 것은?**

가. AC구간 M′차에 한해서 모니터에 "주변환장치", "송풍기정지", "주변압기 냉각기정지"현시

나. 교직절환 후 MCB ON등 계속 점등 시 EPanDS를 취급하고, 최근역 도착 후 EPanDS를 복귀한 다음 Pan상승, MCB 투입 후 전도운전이 가능하다.

다. 2선 단선인 경우 교직절연구간을 지나서 종착역에 도착하면 운전실 교환 후 후부운전실 MCN을 차단하고 전도운전하여 입고 조치하여야 한다.

라. 주변환기 고장으로 CIFR만 여자 시에는 주변환기가 정지하지만 모니터에 "주변환기 정지"는 표시되지 않는다.

해설 'AC구간 M′차에 한해서 모니터에 "주변환장치", "송풍기정지", "주변압기 냉각기정지"현시'가 맞다.

3. 보조전원장치(SIV)고장 시 조치

조치 18 보조전원장치(SIV)고장 시 조치

가. 보조전원장치(SIV)고장 시 동작 원인

SIV고장

[4호선과 과천선 SIV 전원입력과정]

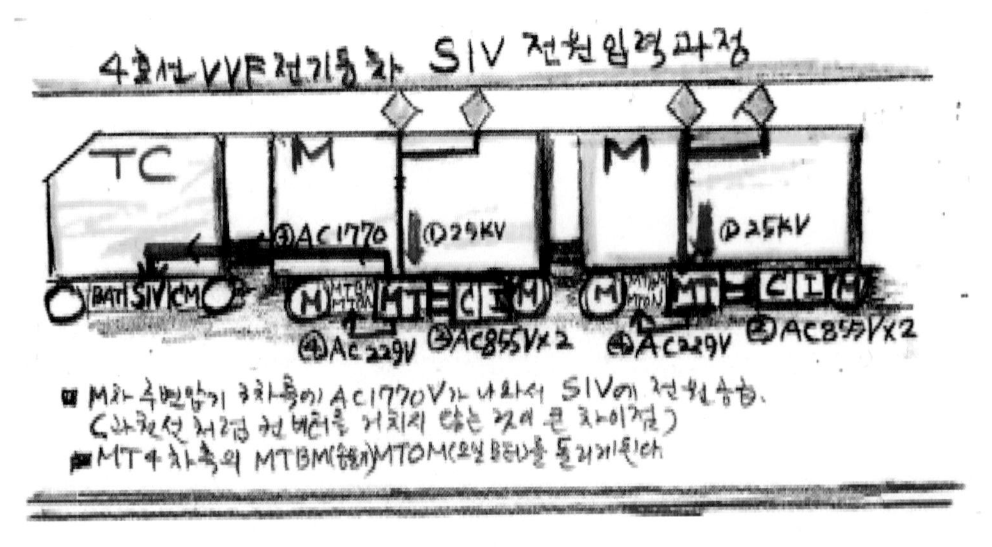

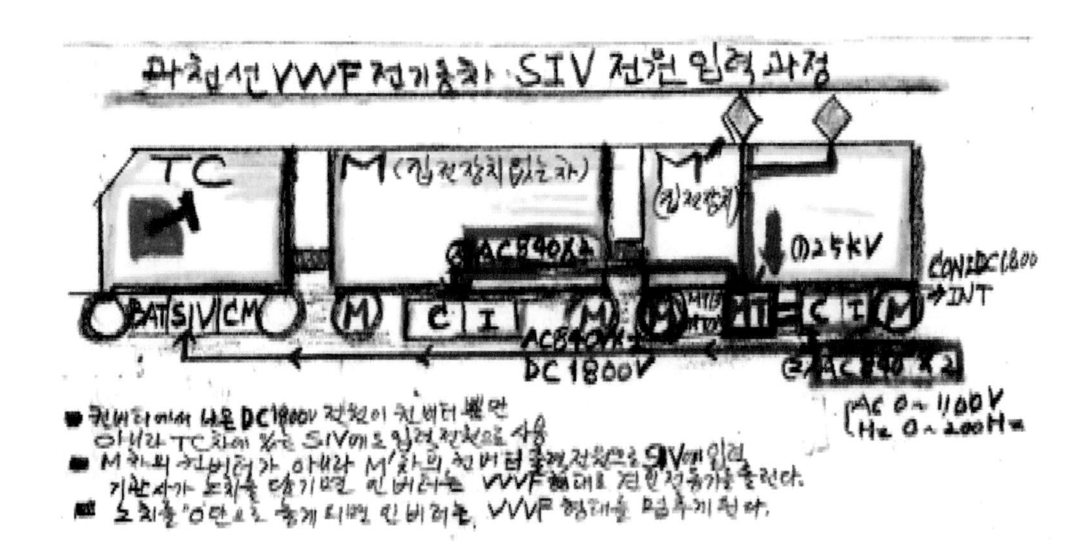

나. 보조전원장치(SIV)고장 시 현상

(1) 교류구간

① SIV정지 → 송풍기 정지 → 20초 후 주변환기(C/I) 정지 → MCB차단

② 모니터에 "SIV고장", "송풍기 정지", "주변압기냉각기정지" 표시

③ SIVFR여자 시 Fault등 점등되고, 해당차(TC, T1) 및 M′차 차측백색등 점등

(2) 직류구간

① MCB 차단되지 않으며, 송풍기 및 주변환기(C/I)정지

② 모니터에 SIV정지, 송풍기 정지 현시

③ SIVFR 여자 시 Fault등 점등 및 해당차 차측백색등 점등(4호선: SIVMFR)

※ 직류구간에서는 L1(Line Breaker)에서 차단 역할을 한다.

※ Fault등: MCB고장계통, SIV중고장계통

※ Fault등: ArrOCR, ACOCR

다. 보조전원장치(SIV)고장 시 조치

① 고장차 확인 후 MCBOS → RS → 3초 후 MCBOS취급

② Pan하강, 제동제어기(BC)핸들 취거 → 10초 후 재기동

③ (1)번 (2)번 취급으로 복귀불능 시

－DC구간: MCBOS → VCOS → RS → 3초 후 MCBCS취급

－AC구간: M차: MCBOS → VCOS → RS → 3초 후 MCBCS취급

M′차: 연장급전 → MCBOS → VCOS → RS → 3초 후 MCBCS취급

[과천선 VVVF 전기동차 회로]

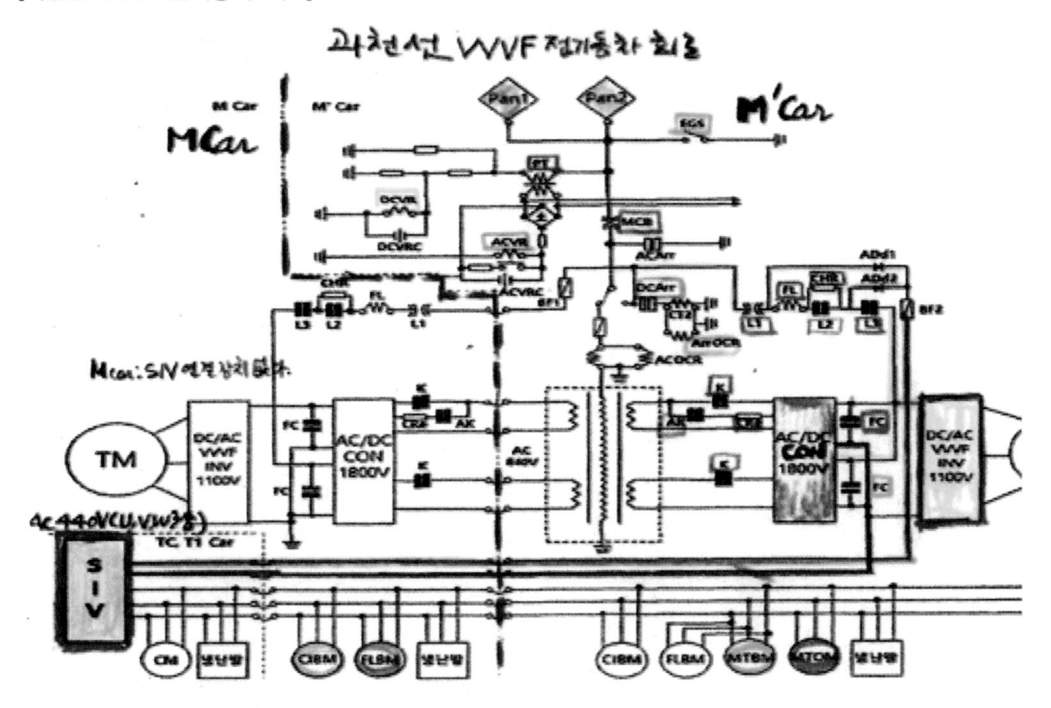

[SIV INVERTER]

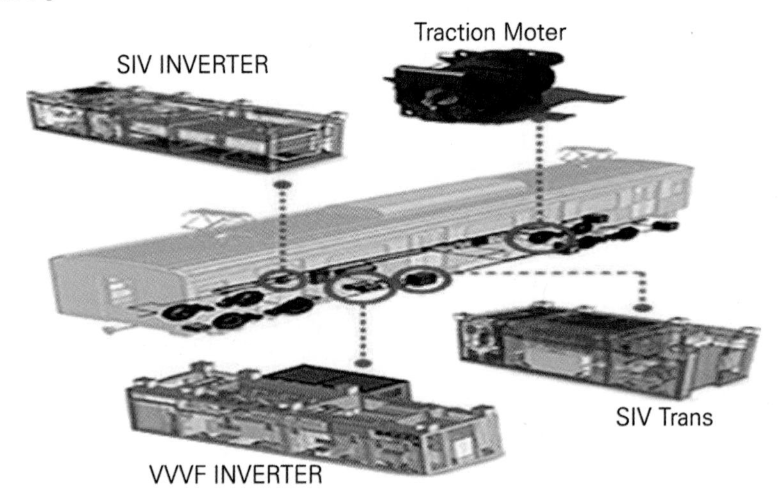

[보조전원장치(SIV) 전원 사용처]

구분	전원종류	사용처
과천선 차량 SIV (AC440V)	AC(교류) 전원	전동공기압축기(CM), 냉방장치, 난방장치, 주변환기냉각송풍전동기(CIBM), 주변압기냉각 송풍전동기(MTBM), 주변압기냉각유 펌프 전동기(MTOM), 리액터 냉각송풍전동기(FLBM), 객실등 등
	DC(직류) 전원	축전지 충전, 각종 저압제어회로 전원, 객실 비상등 제동장치, 출입문 장치 등
4호선 차량 SIV (AC380V)	AC(교류) 전원	전동공기압축기(CM), 냉방장치, 난방장치, 객실등 등
	DC(직류) 전원	축전지 충전, 각종 저압제어회로 전원, 객실 비상등, 제동장치, 출입문 장치

예제 **과천선 VVVF전기동차 SIV고장 시 교류구간의 현상으로 틀린 것은?**

가. SIV정지 → 송풍기 정지 → 20초 후 주변환기(C/I) 정지 → MCB차단

나. 모니터에 "SIV고장", "송풍기 정지", "주변압기냉각기정지" 표시

다. SIVFR여자 시 Fault등 점등되고, 해당차(TC, T1) 및 M'차 차측백색등 점등

라. MCB차단되지 않으며, 송풍기 및 주변환기(C/I) 정지

해설 SIV고장 시 교류구간의 현상으로 'MCB차단된다'가 맞다.

[SIV고장 시 교류구간의 현상]

① SIV정지 → 송풍기 정지 → 20초 후 주변환기(C/I) 정지 → MCB차단
② 모니터에 "SIV고장", "송풍기 정지", "주변압기냉각기정지" 표시
③ SIVFR여자 시 Fault등 점등되고, 해당차(TC, T1) 및 M′차 차측백색등 점등

예제 **과천선 VVVF전기동차 SIV고장 시 현상으로 틀린 것은?**

가. Pan하강
나. 모니터에 SIV고장 현시
다. 비상제동 체결
라. MCB차단(DC구간)

해설 MCB차단(AC구간)

[SIV고장 시 현상]

① 모니터에 "SIV고장"
② "송풍기 정지"
③ "주변압기냉각기정지" 표시(AC구간)
④ MCB차단(AC구간)

예제 **과천선 VVVF전기동차 SIV고장 시 현상에 관한 설명으로 틀린 것은?**

가. SIVFR여자 시 Fault등 점등되고, 해당차(TC, T1) 및 M′차 차측백색등 점등
나. 교류구간에서 M차인 경우는 MCB가 차단되지 않는다.
다. 직류구간에서는 MTAR무여자로 MCB는 차단되지 않는다.
라. SIVFR여자 시 Fault등 점등되고, 해당차(TC, T1) 및 M′차 차측백색등 점등

해설 교류구간에서 M차와 M′차 모두 MCB가 차단된다.

[현상]

① 교류구간
- SIV정지 → 송풍기 정지 → 20초 후 주변환기(C/I) 정지 → MCB차단
- 모니터에 "SIV고장", "송풍기 정지", "주변압기냉각기정지" 표시
- SIVFR여자 시 Fault등 점등되고, 해당차(TC, T1) 및 M′차 차측백색등 점등

② 직류구간
- MCB 차단되지 않으며, 송풍기 및 주변환기(C/I)정지
- 모니터에 SIV정지, 송풍기 정지 현시
- SIVFR 여자 시 Fault등 점등 및 해당차 차측백색등 점등

예제 과천선 VVVF전기동차 SIV고장 시 조치로서 틀린 것은?

가. 고장차 확인 후 MCBOS → RS → 3초 후 MCBOS취급
나. Pan하강, 제동제어기(BC)핸들 취거 → 10초 후 재기동
다. 연장급전 → MCBOS → VCOS → RS → 3초 후 MCBCS취급
라. 고장차 확인 후 MCBOS → MCBCS 취급

해설 '고장차 확인 후 MCBOS → MCBCS 취급'은 SIV고장 시 조치에 해당되지 않는다.

예제 과천선 VVVF전기동차 차량 고장 발생 시 현상 중 틀린 것은?

가. SIV정지 → 송풍기 정지 → 20초 후 주변환기(C/I) 정지 → MCB차단
나. SIVFR여자 시 Fault등 점등되고, 해당차(TC, T1) 및 M'차 차측백색등 점등
다. SIV정지 → 송풍기 정지 → 10초 후 주변환기(C/I) 정지 → MCB차단
라. 송풍기 정지 → 20초 후 주변환기(C/I)정지 → 10초 후 SIV 정지 → 60초 후 MCB 차단(M')

해설 'SIV정지 → 송풍기 정지 → 20초 후 주변환기(C/I)정지 → MCB차단'이 맞다.

예제 과천선 VVVF전기동차 차량 고장 발생 시 현상 및 조치사항 중 틀린 것은?

가. 모니터에 SIV정지, 송풍기 정지 현시
나. 고장차 확인 후 MCBOS → RS → 3초 후 MCBOS취급
다. SIVFR여자 시 Fault등 점등되고, 해당차(TC, T1) 및 M'차 차측백색등 점등
라. DC 구간운전 시 MCB는 차단된다.

해설 DC 구간운전 시 MCB는 차단되지 않는다.

예제 과천선 VVVF전기동차 차량 SIV고장조치에 대한 설명 중 틀린 것은?

가. 교류구간에서 SIV정지 → 송풍기 정지 → 20초 후 주변환기(C/I) 정지 → MCB차단
나. 직류구간에서MCB 차단되지 않으며, 송풍기 및 주변환기(C/I)정지
다. 고장차 확인 후 MCBOS → RS → 3초 후 MCBOS취급
라. Pan하강, 제동제어기(BC)핸들 취거 → 20초 후 재기동

해설 Pan하강, 제동제어기(BC)핸들 취거 → 10초 후 재기동

예제 과천선 VVVF전기동차 차량 SIV고장에 대한 설명 중 틀린 것은?

가. ICVN OFF하여 연장급전하면 모니터에 "SIV통신이상" 소등

나. 직류구간에서 MCB 차단되지 않는다.

다. 교류구간에서 SIV정지 20초 후 M, M'차 주변환기(C/I) 정지

라. 송풍기 고장 현상 발생 시 M'차 배전반 내 AMCN 확인

해설 ICVN OFF하여 연장급전하면 모니터에 "SIV통신이상" 계속 현시

예제 과천선 VVVF전기동차 차량 SIV고장 시 직류구간의 현상 및 조치사항으로 틀린 것은?

가. SIVFR 여자 시 Fault등 점등

나. 해당차 차측백색등 점등

다. 모니터에 SIV정지, 송풍기 정지 현시

라. MCB 차단되며, 송풍기 및 주변환기(C/I)정지

해설 MCB 차단되지 않으며, 송풍기 및 주변환기(C/I)정지

[직류구간의 현상 및 조치사항]

- MCB 차단되지 않으며, 송풍기 및 주변환기(C/I)정지
- 모니터에 SIV정지, 송풍기 정지 현시
- SIVFR 여자 시 Fault등 점등 및 해당차 차측백색등 점등(4호선: SIVMFR)

예제 과천선 VVVF전기동차 차량 SIV고장 시 직류구간의 현상 및 조치사항으로 틀린 것은?

[교류구간]

가. SIV정지 → 송풍기 정지 → 20초 후 주변환기(C/I) 정지 → MCB차단

나. 모니터에 "SIV고장", "송풍기 정지", "주변압기냉각기정지" 표시

다. SIVFR여자 시 Fault등 점등되고, M'차 SIV등이 소등된다.

라. 교류구간에서 SIV정지 → 송풍기 정지 → 20초 후 주변환기(C/I) 정지 → MCB차단

해설 'SIVFR여자 시 Fault등 점등되고, 해당차(TC, T1) 및 M'차 차측백색등 점등'이 맞다.

예제 **과천선 VVVF전기동차 IVCN트립 시 "SIV통신이상"이 현시된다.**

정답 (O)

예제 **과천선 VVVF전기동차 SIV고장 시 현상 및 조치로 틀린 것은?**

가. "SIV통신이상"이 현시되면 해당차IVCN을 확인한다.

나. "주변압기냉각기정지" 표시(AC구간)된다.

다. 직류구간에서 SIV정지 시 MCB는 차단되지 않으며 보조전원계전기(APR) 무여자로 모니터에 "송풍기 정지"현시된다.

라. M'차 배전반 내 AMCN이 차단되면 SCN이 차단되므로, 송풍기가 정지된다.

해설 'M'차 배전반 내 AMCN이 차단되면 SIV가 정지한다.'가 맞다.

[SIV고장 시 현상]

① 모니터에 "SIV고장"

② "송풍기 정지"

③ "주변압기냉각기정지" 표시(AC구간)

④ MCB차단(AC구간)

[조치]

① 고장차 확인 후 MCBOS → RS → 3초 후 MCBOS취급

② Pan하강, 제동제어기(BC)핸들 취거 → 10초 후 재기동

③ (1)번 (2)번 취급으로 복귀불능 시

- DC구간: MCBOS → VCOS → RS → 3초 후 MCBCS취급
- AC구간:
  - M차: MCBOS → VCOS → RS → 3초 후 MCBCS취급
  - M'차: 연장급전 → MCBOS → VCOS → RS → 3초 후 MCBCS취급

예제 **과천선 VVVF전기동차 SIV고장 시 현상 및 조치로 틀린 것은?**

가. 'SIVFR여자 시 Fault등 점등되고, 해당차(TC, T1) 및 M'차 차측백색등 점등'

나. 복귀불능 시 M'차 연장급전 → MCBOS → VCOS → RS → 3초 후 MCBCS취급

다. 교류구간에서 SIV정지 → 송풍기 정지 → 10초 후 주변환기(C/I) 정지 → MCB차단

라. Pan하강, 제동제어기(BC)핸들 취거 → 10초 후 재기동

해설 교류구간에서 SIV정지 → 송풍기 정지 → 20초 후 주변환기(C/I) 정지 → MCB차단

예제 **과천선 VVVF전기동차에 관한 설명으로 틀린 것은?**

가. 직류구간에서 SIV 고장 시 모니터에 "SIV정지", "송풍기 정지"현시한다.
나. 주변압기 과열 시 모니터에 "주변압기 온도이상 발생"으로 표시된다.
다. MTOMN트립 시 모니터에 "주변압기 유 흐름 불량"으로 표시된다.
라. 교류구간에서는 송풍기 고장 시 모니터에 "송풍기 정지", "주변압기냉각기 정지"로 현시된다.

해설 MTOMN트립 시 모니터에 "주변압기냉각기정지"로 표시된다.

4. 주변압기 냉각장치(MTAR)고장 시 조치(AC구간)

조치 19 주변압기 냉각장치(MTAR)고장 시 조치(AC구간)

※ 과천선 변압기 측: 1, 2차의 모든 MT관련고장 → MTAR고장(AC구간)
※ DC구간: 인버터 통해 직접 연결되므로 관계없다.

가. 동작원인

① MTOMN(냉각시키는 차단장치), MTBMN차단 또는 MTOMK(냉각시키는 접촉기), MTBMK 무여자
② 주변압기유 흐름 불량(냉각시키기 위한 기름)

나. 현상

① 모니터에 "주변압기냉각기 정지"표시
② 해당차 MCB차단
③ Fault등 및 해당 M′ 차측백색등 점등

다. 조치

① 고장차 확인 MCBOS → RS → 3초 후 MCBOS
② Pan하강, 제동제어기(BC)핸들 취거, 10초 후 재기동
③ M′차 배전반 내 MTOMN, MTBMN 확인
※ 2개의 N을 올려본다(연결시킨다). N을 올려 보았는데 계속 MTOMK, MTBMK 차단되어 무여자 상태가 계속되면 이 때는 VCOS를 취급할 수밖에 없다.

④ 완전부동 취급 후 연장급전

※ NFB: 한 번 떨어지면 기관사가 수동으로 올리지 않는 한 스스로 올라가지 않는다.

[주변압기 냉각장치(MTAR) 여자조건]

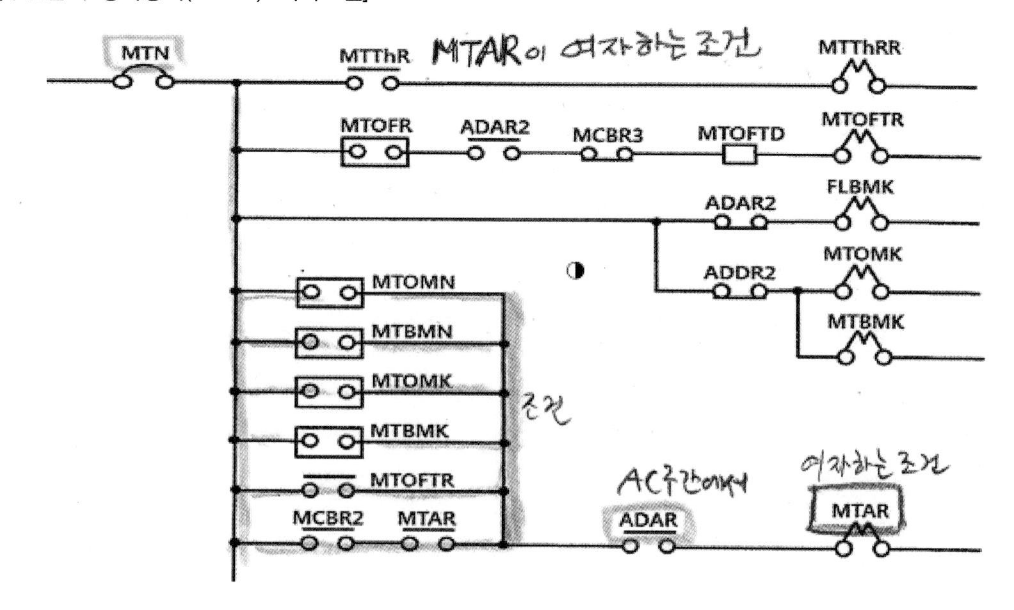

예제 과천선 VVVF전기동차 주변압기 냉각장치(MTAR) 고장 발생 원인이 아닌 것은?

가. MTOMN, MTOBMN차단 또는, MTOMK, MTBMK소자 시

나. MTBM 흡입 여과망 이물누적

다. 주변압기유 흐름 불량 시

라. SIV정지, M'차 주변환기(C/I) 고장

해설 MTBM흡입 여과망 이물질 누적은 주변압기(MT)과열의 원인을 제공하나 MTAR고장 발생원인은 아니다.

예제 과천선 VVVF전기동차 주변압기 냉각장치(MTAR) 고장 시 현상으로 틀린 것은?

가. 모니터에 "주변압기냉각기 정지" 표시

나. 해당차 MCB차단

다. 해당 유니트 역행 및 회생제동차단

라. Fault등 및 해당 M' 차측백색등 점등

해설 '해당 유니트 역행 및 회생제동차단' 은 MTAR 고장 시 현상에 해당되지 않는다.

[현상]

• 모니터에 "주변압기냉각기 정지" 표시
• 해당차 MCB차단
• Fault등 및 해당 M′ 차측백색등 점등

예제 **과천선 VVVF전기동차 주변압기 냉각장치(MTAR) 설명으로 틀린 것은?**

가. MTOMN 차단 시 MTAR이 동작한다.

나. MTBMN 차단 시 MTAR이 동작한다.

다. 주변압기 흐름 불량 시 MTAR이 동작한다.

라. 복귀 불능 시 MCBOS → RS → 3초 후 MCBCS취급한다.

해설 '복귀 불능 시 완전 부동취급 후 연장급전한다.'가 맞다.

5. 주변압기(MT) 과열 시 조치

조치 20 주변압기(MT) 과열 시 조치

[과천선 VVVF 전기동차 특고압, 주회로, 고압보조(SIV)회로]

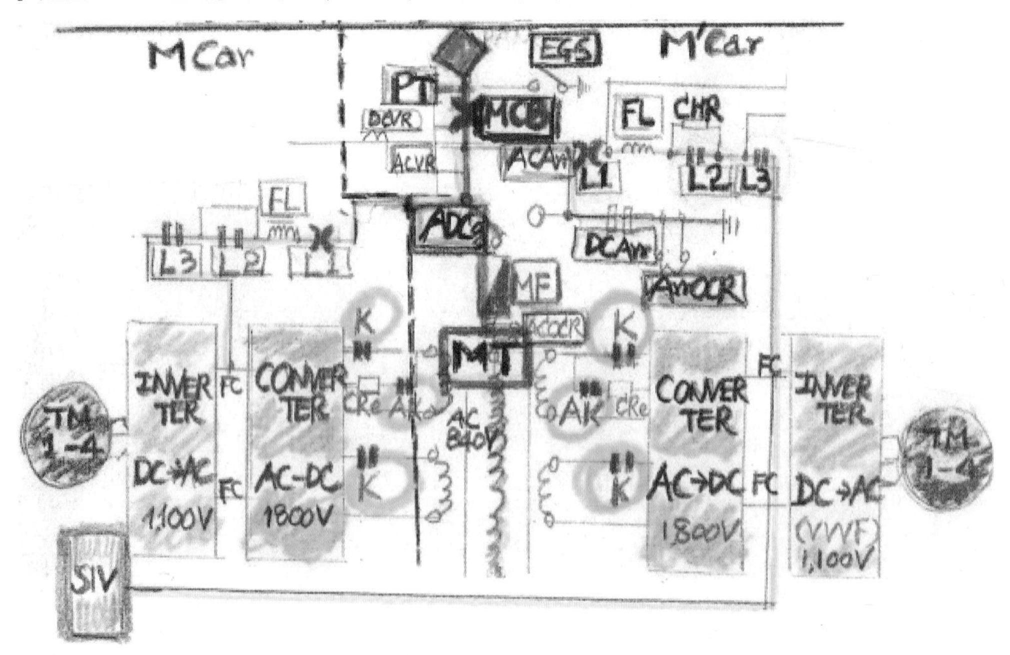

※ MT과열 시 MTOM 등의 원인이 있겠지만 이 중 MTBM과열 시 조치하는 일도 중요하다.

[열차용 주변압기(MT)]

현대중공업,한국형 고속열차 주변압기 제작 (한국에너지신문)

국제전기가 터키 이즈미르에 납품중인 전기동차용 주변압기 국토일보(http://www.ikld.kr)

가. 주변압기(MT) 과열 시 동작 원인

MTBM 흡입여과망 이물 누적으로 주변압기 냉각 불량

나. 주변압기(MT) 과열 시 현상

① 모니터에 "주변압기 온도이상 발생" 표시됨
② 해당 유니트 역행 및 회생제동 차단

다. 주변압기(MT) 과열 시 조치

① 모니터로 고장차 확인하고, 그대로 운전 → 온도 강하 시 자동 복귀(5대 M차(M′포함) 중 1대 고장이므로 → 이물질 떨어지면 → 자동 복귀된다)
② MTBM흡입여과망 이물 확인(MTBM이 떨어지면 해당차 배전반 가서 NFB를 올려준다)

[주변압기(MT)과열 시 조치과정]

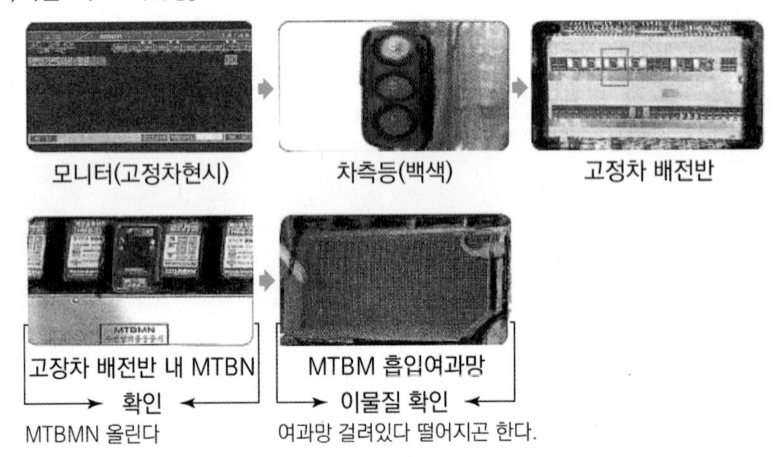

예제 과천선 VVVF 전기동차 과열 시 현상 및 조치사항으로 틀린 것은?

가. MTBM 흡입여과망 이물질 확인

나. 모니터에 "주변압기 온도이상 발생" 표시

다. 모니터로 고장차 확인하고, 그대로 운전

라. 모니터에 "주변압기 송풍기 및 냉각기 정지" 표시

해설 '모니터에 "주변압기 온도이상 발생" 표시'가 맞다.

예제 과천선 VVVF 전기동차 교류구간 주변압기 냉각장치(MTAR)고장 시 동작 원인이 아닌 것은?

가. MTBMK 소자

나. MTOMN트립

다. MTTHR동작

라. MTOFTR동작

해설 MTTHR동작 시는 주변압기 과열이 원인이다. 동작차량의 역행 및 회생만 차단한다.

예제 과천선 VVVF전기동차 주변압기(MT)에 관한 설명으로 틀린 것은?

가. MTAR고장 시에 모니터에 "주변압기냉각기 정지"라고 표시된다.

나. 주변압기 과열 시에 모니터에 "주변압기 온도이상 발생" 표시된다.

다. 주변압기 과열 시에 해당 유니트 역행 및 회생제동 차단된다.

라. MTAR고장 시에 MCB OFF 등이 점등되고 Fault등과 해당 M차 차측백색등이 점등된다.

해설 MTAR고장 시에 MCB OFF 등이 점등되고 Fault등과 해당 M'차 차측백색등이 점등된다.

6. 송풍기 고장 시 조치

조치 21 송풍기 고장 시 조치

[서울교통공사 일산선 전동차의 FLBM 송풍기]

가. 송풍기 고장 시 동작 원인

① 고장차 CIBMN(교류), FLBMN(직류) 트립

② 해당 유니트 M'차 배전반 내 AMCN 트립

※ FLBMN(NFB for "Filter Reactor Blow Motor"): 직류구간에 사용되면서 전압 차에 의한 리플(부스러기)성분을 걸러준다.

[과천선(KORAIL) VVVF 전기동차 회로도]

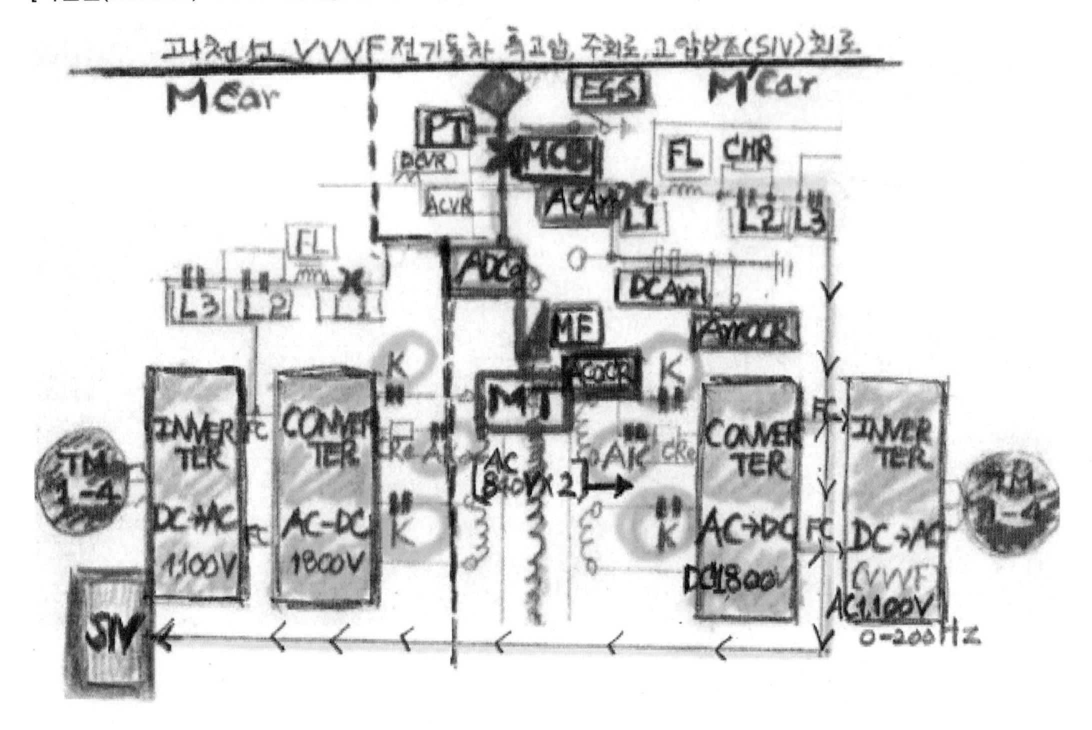

가. 송풍기 고장 시 현상

(1) 교류구간: CIBMN

- 송풍기 정지 → 20초 후 주변환기(C/I)정지 → 10초 후 SIV 정지 → 60초 후 MCB 차단(M′)
- 모니터에 "송풍기 정지", "주변압기 냉각기 정지"현시

(2) 직류구간: FLBMN

- MCB차단되지 않고, 송풍기와 주변압기(C/I) 정지
- 모니터 "송풍기 정지"현시

나. 송풍기 고장 시 조치

① 고장차 확인, MCBOS → RS → 3초 후 MCBCOS취급(작동 안 하면 (2)의 Pan 하강으로 간다)

② Pan하강 → 제동제어기(BC)핸들 취거 후 → 10초 후 재기동

③ 고장차 CIBMN(교류), FLBMN(직류) 확인

④ 해당유니트 M′차 AMCN 확인

⑤ M차 고장 시는 SIV에 영향이 없으므로 MCBOS → VCOS → RS → 3초 후 MCBCS취급 후 전도 운행

⑥ M′ 고장 시는 연장급전 후 MCBOS → VCOS → RS → MCBCS 운행

[송풍기 고장 시의 조치]

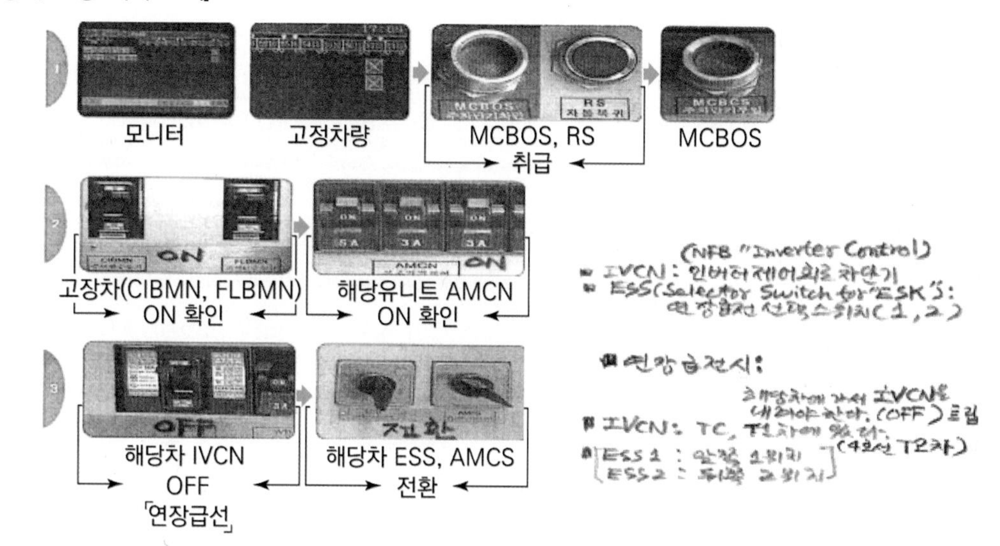

예제 **다음 중 과천선VVVF 전기동차 송풍기 고장 시 동작원인으로 맞는 것은?**

가 고장차 CIBMN(교류), FLBMN(직류) 트립

나. 해당 유니트 M차 배전반 내 AMCN 트립

다. MTOMK, MTBMK 소자 시

라. MTOMN, MTBMN 트립 시

해설 고장차 CIBMN(교류), FLBMN(직류) 트립 시 송풍기가 고장이 난다.

[동작 원인]

① 고장차 CIBMN(교류), FLBMN(직류) 트립

② 해당 유니트 M′배전반 내 AMCN 트립

예제 **다음 중 과천선VVVF 전기동차 송풍기 고장 시 현상과 조치에 대하여 맞지 않는 것은?**

가. 송풍기 고장 시 직류구간에서는 MCB차단되지 않고, 송풍기와 주변압기(C/I) 정지

나. M′ 고장 시는 MCBOS → VCOS → RS → MCBCS 운행

다. 교류구간 송풍기 정지 시 → 20초 후 주변환기(C/I)정지 → 10초 후 SIV 정지

라. Pan하강 → 제동제어기(BC)핸들 취거 후 → 10초 후 재기동

해설 M′ 고장 시는 연장급전 후 MCBOS → VCOS → RS → MCBCS 운행

예제 **과천선VVVF 전기동차 송풍기 고장 시 조치 중 고장차에 대한 조치는?**

정답 송풍기 고장 시 고장차 CIBMN, FLBMN 확인한다.
① CIBMN(NFB for C/I Blower Motor: 주변환기송풍기회로차단기)
② FLBMN(NFB for Filter Reactor Blower Motor: 필터리액터송풍기회로차단기)

예제 **다음 중 과천선VVVF 전기동차 송풍기 고장 시 현상에 관한 내용으로 맞지 않는 것은?**

가. 송풍기 정지 → 10초 후 주변환기(C/I)정지 → 20초 후 SIV 정지 → 60초 후 MCB 차단(M′)

나. 직류구간에서 MCB차단되지 않고, 송풍기와 주변압기(C/I) 정지

다. 교류구간에서 모니터에 "송풍기 정지", "주변압기 냉각기 정지"현시

라. M′차 AMCN트립 시 모니터에 "송풍기 정지", "주변압기냉각기정지"현시

해설 송풍기 정지 → 20초 후 주변환기(C/I)정지 → 10초 후 SIV 정지 → 60초 후 MCB 차단(M′)

[교류구간: CIBMN]
- 송풍기 정지 → 20초 후 주변환기(C/I)정지 → 10초 후 SIV 정지 → 60초 후 MCB 차단(M′)
- 모니터에 "송풍기 정지", "주변압기 냉각기 정지"현시

[직류구간: FLBMN]
- MCB차단되지 않고, 송풍기와 주변압기(C/I) 정지
- 모니터 "송풍기 정지"현시

예제 **다음 중 과천선VVVF 전기동차 송풍기 고장 시 조치로 맞지 않는 것은?**

가. 고장차 확인, MCBOS → RS → 3초 후 MCBCOS취급(작동 안하면 (2)의 Pan 하강으로 간다)

나. Pan하강 → 제동제어기(BC)핸들 취거 후 → 10초 후 재기동

다. 고장차 CIBMN(교류), FLBMN(직류) 확인

라. 해당유니트 M차 AMCN 확인

해설 '해당유니트 M′차 AMCN 확인'이 맞다.

제8장

차단기(L1) Trip 시 조치·역행 불능 시 조치·운전자 경계장치(DSD)불량 시 조치

차단기(L1) Trip 시 조치·역행 불능 시 조치·
운전자 경계장치(DSD)불량 시 조치

1. 차단기(L1) Trip 시 조치

조치 22 차단기(L1) Trip 시 조치

[과천선(KORAIL) VVVF 전기동차 회로도]

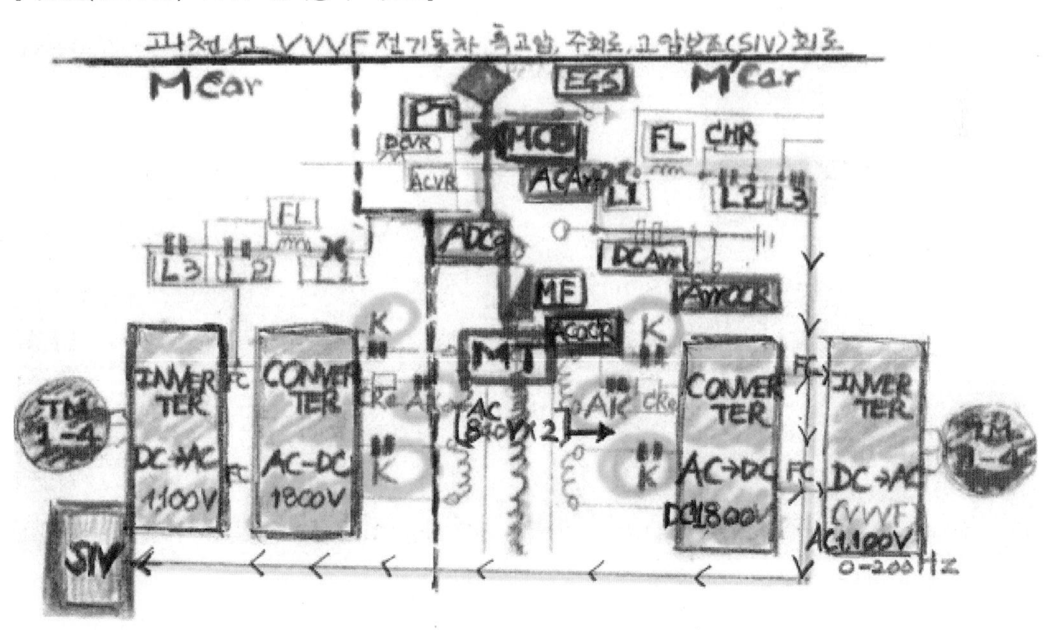

가. 차단기(L1) Trip 시 동작 원인

① 직류구간 운전 중 1,600A 이상의 과전류 발생 시

② 주변환기 GTO Arm 단락 시(합선되거나 고장나거나 할 때)

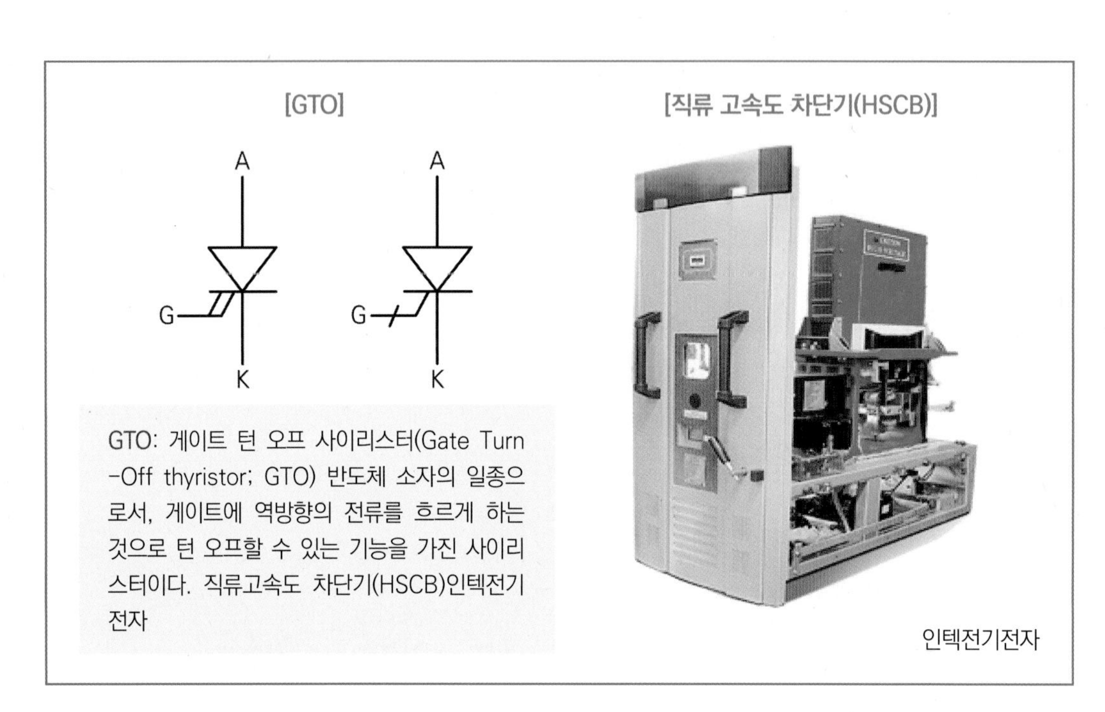

GTO: 게이트 턴 오프 사이리스터(Gate Turn -Off thyristor; GTO) 반도체 소자의 일종으로서, 게이트에 역방향의 전류를 흐르게 하는 것으로 턴 오프할 수 있는 기능을 가진 사이리스터이다. 직류고속도 차단기(HSCB)인텍전기전자

인텍전기전자

나. 차단기(L1) Trip 시 현상

① 모니터에 "L1 차단 동작" 현시

② Fault등 및 HSCB등 점등, 고장차 차측 백색등 점등

다. 차단기(L1) Trip 시 조치

① 고장차 확인, MCBOS → RS → 3초 후 MCBCS

② Pan하강 → 제동제어기(BC)핸들 취거 후 → 10초 후 재기동(그래도 안 되면)

③ 복귀 불능 시 해당 유니트 완전부동 취급 후 연장급전(차단기는 중요하므로 완전부동 취급해야 한다)

[주차단기(L1)Trip시]

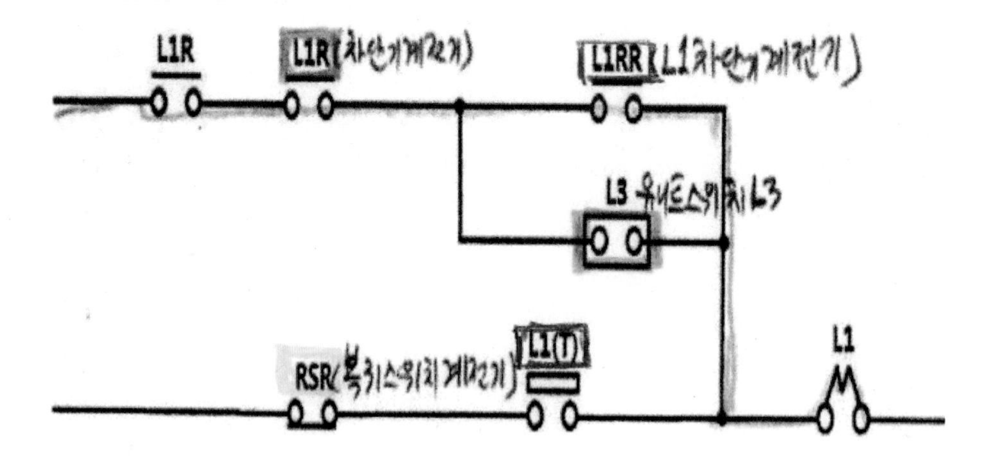

예제 **다음 중 과천선 VVVF전기동차 L1 Trip시 원인, 현상, 조치의 설명으로 틀린 것은?**

가. 직류구간운전 중 1600A 이상의 과전류 발생 시

나. Fault등 및 HSCB등 점등, 고장차 차측 백색등 점등

다. Pan하강 → 제동제어기(BC)핸들 취거 후 → 10초 후 재기동

라. 복귀 불능 시 해당 유니트 완전부동 취급 후 구원운전

해설 복귀 불능 시 해당 유니트 완전부동 취급 후 연장급전

예제 **다음 중 과천선 VVVF전기동차가 직류구간 운전 중 L1이 Trip되는 기준 전류치로 맞는 것은?**

가. 1300A 이상의 과전류 발생 시

나. 1600A 이상의 과전류 발생 시

다. 1900A 이상의 과전류 발생 시

라. 2200A 이상의 과전류 발생 시

해설 직류구간 운전 중 L1이 Trip되는 기준 전류치는 1600A 이상의 과전류 발생 시이다.

예제 **다음 중 과천선 VVVF전기동차 L1 Trip시 원인, 현상, 조치의 설명으로 틀린 것은?**

가. 복귀 불능 시 해당 유니트 완전부동 취급 후 연장급전

나. Pan하강 → 제동제어기(BC)핸들 취거 후 → 10초 후 재기동

다. Fault등 및 L1등 점등, 고장차 차측 백색등 점등

라. 모니터에 “L1 차단 동작” 현시

해설 'Fault등 및 HSCB(High Speed Circuit Breaker)등 점등, 고장차 차측 백색등 점등'이 맞다.

[현상]

① 모니터에 “L1 차단 동작” 현시
② Fault등 및 HSCB등 점등, 고장차 차측 백색등 점등

[조치]

① 고장차 확인, MCBOS → RS → 3초 후MCBCS
② Pan하강 → 제동제어기(BC)핸들 취거 후 → 10초 후 재기동(그래도 안 되면)
③ 복귀 불능 시 해당 유니트 완전부동 취급 후 연장급전(차단기는 중요하므로 완전부동 취급해야 한다)

예제 **다음 중 과천선 VVVF전기동차 고장 시 조치에 대해 틀린 것은?**

가. L1차단기 Trip 시 MCBOS 취급 후 RS 취급을 반드시 하여야 MCB차단
나. 직류구간에서 송풍기 고장 시 MCB차단이 되지않고 송풍기와 주변압기가 정지
다. AMCN Tip시 Fault등, 해당 M'차 차측백색등 점등
라. FLBMN Trip시 AC구간에서 모니터에 송풍기 정지, 주변압기 정지 현시

해설 '직류구간에서 송풍기 고장 시 MCB차단이 되지않고 송풍기와 주변환기(C/I)가 정지'가 맞다.

예제 **다음 중 과천선 VVVF전기동차 L1 차단기 Trip시에 관한 설명으로 틀린 것은?**

가. 직류구간 운전 중 1,600A 이상의 과전류 발생 시
나. 주변환기 GTO Arm 단락 시
다. Fault등 및 HSCB등 점등
라. 복귀 불능 시 전체 유니트 완전부동 취급 후 연장급전

해설 '복귀 불능 시 해당 유니트 완전부동 취급 후 연장급전'이 맞다.

예제 **다음 중 과천선 VVVF전기동차 L1 차단기 Trip시 MCBOS → MCBOR → RS → 3초 후 MCBCS 과정을 거친다.**

정답 (X) L1 차단기 Trip시 MCBOS → RS → 3초 후MCBCS 과정을 거친다.

예제 비상제동 LOOP선(32선)가압 불능 시 비상제동 완해 불능이다.

정답 (O)

예제 다음 중 과천선 VVVF전기동차 L1 차단기 Trip시 원인 및 현상으로 틀린 것은?

가. 직류구간 운전 중 1,600A 이상의 과전류 발생 시
나. 주변압기 GTO Arm 단락 시
다. 모니터에 "L1 차단 동작" 현시
라. Fault등 및 HSCB등 점등, 고장차 차측 백색등 점등

해설 '주변환기 GTO Arm 단락 시'가 맞다.

2. 역행불능 시 조치

조치 23 역행불능 시 조치

– CN1: 전진회로차단기
– CN3: 역행회로차단기
– 4호선: ATSN1 – ATSN3
– 과천선: ATSN1, ATSN2
– N3, N2: 전원차단용(전원을 끊어 버린다)

[역행불능시 조치]

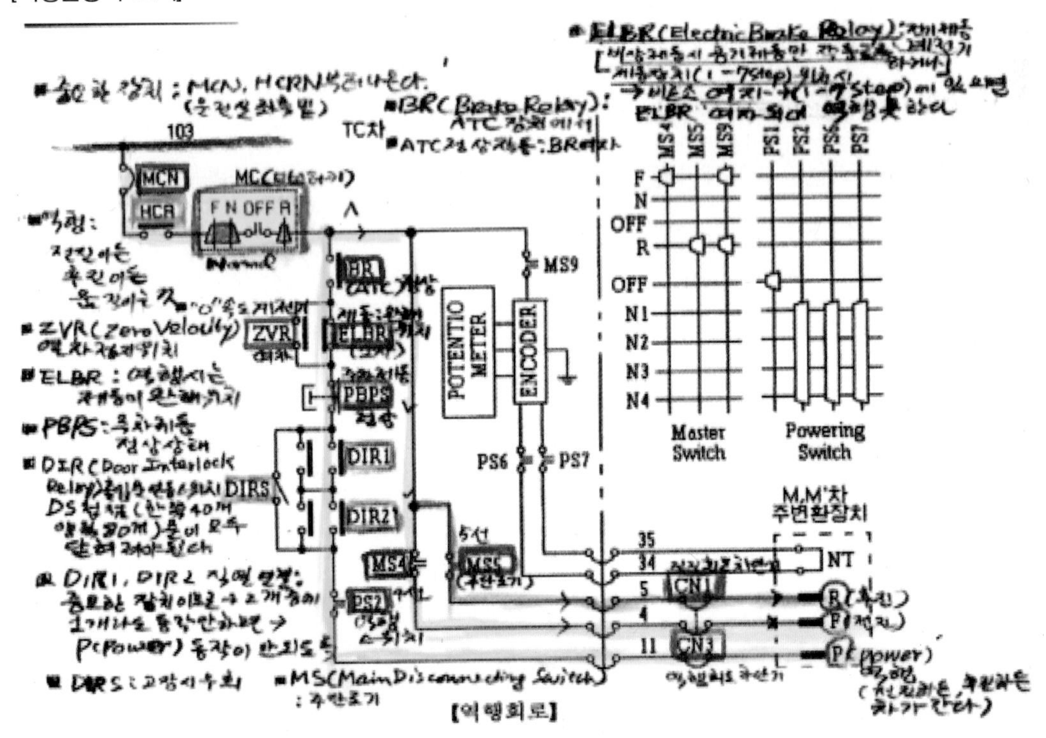

가. 역행불능 시 조치

① 전후진제어기 전진위치를 확인(필요시 전, 후진 이동)(접점불량 여부 확인)

② MCB 투입 확인(MCB 투입되어야 전기를 받아 역행하므로)

③ Door등 점등 확인(점등 불능 시 후부운전실 DILPN 확인)(Door등이 안 되면 DIRS취급)

④ 제동제어기(BC)핸들 완해위치에서 2~3초 역행취급

⑤ 전부운전실 PBPS 확인(주공기압력 6.0~7.0kg/cm^2)

※ 후부 운전실 주차제동 체결 시는 역행가능

⑥ ATC, ATS 관련회로차단기 확인(BR: ATC, ATS적용)(ATCN, ATS함 내의 ATSN1, ATC 함 내 PS(Power Source)확인)

⑦ ATCCOS 차단취급(ATS 및 ATC구간 모두 해당)(그래도 안 되면 후부 운전실)

⑧ 후부운전실에서 취급(1량 역행불능 시 M, M′ 배전반의 CN1, CN3확인)

[학습코너] 과천선 VVVF전기동차 역행불능 시 고장조치

- 전부운전실 DILPN 차단 시: DOOR등 소등, 역행가능
- 후부운전실 DILPN 차단 시: DOOR등 소등, 역행불능
- 1량 역행불능 시 M, M′ 배전반의 CN1, CN3확인
- 후부 운전실 주차제동 체결 시는 역행가능

예제 다음 중 과천선 VVVF전기동차 역행불능 시 확인해야 할 것으로 틀린 것은?

가. 제동제어기(BC)핸들 완해위치에서 2~3초 역행취급

나. M, M′ 배전반의 CN1, CN3확인

다. ATS함 내의 ATSN1,2 확인

라. ATC함 내 PS(Power Source)확인

해설 'ATS함 내의 ATSN1 확인'이 맞다.

예제 다음 중 과천선 VVVF전기동차 역행불능 시 고장조치의 설명으로 맞는 것은?

가. 제동제어기(BC)핸들 완해위치에서 2~3초 역행취급

나. ATC, ATS 관련회로차단기 확인

다. 전부운전실 PBPS 확인(주공기압력 6.0~7.0kg/cm^2)

라. ATSCOS 차단취급

해설 ATCCOS 차단취급

예제 다음 중 과천선 VVVF전기동차 역행불능 시 조치로서 맞지 않는 것은?

가. Door등 점등 불능 시 후부운전실 DILPN 확인

나. 전부운전실 PBPS 확인(주공기압력 6.0~7.0kg/cm^2)

다. ATSN2 확인 및 ATCCOS 차단 취급

라. 제동제어기(BC)핸들 완해위치에서 2~3초 역행취급

해설 ATSN2 확인이 필요없고 ATCCOS 차단만 취급하면 된다.

예제 **다음 중 과천선 VVVF전기동차 역행불능 시 고장조치의 설명으로 맞는 것은?**

가. Door등 점등 불능 시 후부운전실 DILPN 확인

나. 1량 역행불능 시 M, M′ 배전반의 CN1, CN2확인

다. 후부 운전실 주차제동 체결 시는 역행가능

라. 전부운전실 DILPN 차단 시: DOOR등 소등, 역행가능

해설 1량 역행불능 시 M, M′ 배전반의 CN1, CN3확인

예제 **다음 중 과천선 VVVF전기동차 역행불능 시 고장조치의 설명으로 틀린 것은?**

가. Door등 점등확인(점등 불능 시 후부운전실 DILPN확인)

나. 전부운전실 PBPS 확인(주공기압력 6.0~7.0kg/cm^2)

다. ATC, ATS 관련회로차단기 확인

라. 후부 운전실 주차제동 체결 시는 역행불능

해설 후부 운전실 주차제동 체결 시는 역행가능

예제 **다음 중 과천선 VVVF전기동차 역행불능 시 고장조치의 설명으로 맞는 것은?**

가. 1량 역행불능 시 M, M′ 배전반의 CN1, CN3확인

나. ATCCOS취급(ATS 및 ATC구간 모두 해당)

다. 출입문 비연동스위치 ON취급

라. 발차지시등 접등 및 후부운전실 DILPN확인

해설 '출입문 비연동스위치 ON취급'이 맞다.

예제 **다음 중 과천선 VVVF전기동차 역행불능 시 확인사항과 관련이 없는 것은?**

가. 전부운전실 MCN
나. 전부운전실 DILPN
다. 전부운전실 HCRN
라. ATC함 PS

해설 Door등 점등 확인(점등불능 시 후부운전실 DILPN확인)
PS(Power Switch: 역행 스위치)

예제 **다음 중 과천선 VVVF전기동차 역행불능 시 확인사항으로 틀린 것은?**

가. 전부 MCN차단

나. 후부 DILPN 차단

다. 전부 HCRN 차단

라. 1량 역행불능 시 M, M′ 배전반의 CN1, CN2확인

해설 '1량 역행불능 시 M, M′ 배전반의 CN1, CN3확인'이 맞다.

예제 **다음 중 과천선 VVVF전기동차 전차량 동력운전 불능원인과 관계없는 것은?**

가. 후부운전실 EBCOS 취급 시

나. 주공기관 파열로 MR 6kg/㎠ 미만 시

다. 지령속도 초과 시

라. 전부 TC차 주차제동 체결 시

해설 '후부운전실 EBCOS 취급 시'는 동력운전 불능원인과 관계없다.

3. 운전자 경계장치(DSD)불량 시 조치

조치 24 운전자 경계장치(DSD)불량 시 조치

[DSD(Driver's Safety Device: 운전자 안전장치)]

DSD: 기관사가 계속 누르고 운행해야 하는 장치

[DSD(Driver's Safety Device)]

가. 운전자 경계장치(DSD)불능 시 현상

① "안전운행합시다" 경고방송

② 5초 후 비상제동 동작

나. 운전자 경계장치(DSD)불능 시 조치

① 비상정차 후 제동제어기(BC)핸들 7단 위치(BR여자)

② DSD 접점불량으로 비상제동 완해 불능 시

※ 관제사에게 차량상태 보고 후 비상제동개방스위치(EBCOS: EB Cut－Out Switch)취급

③ 차장에게 비상제동개방스위치(EBCOS)취급 통보(EBCOS취급하면 곧바로 EBV로 간다)

[DSD(Driver's Safety Device)]

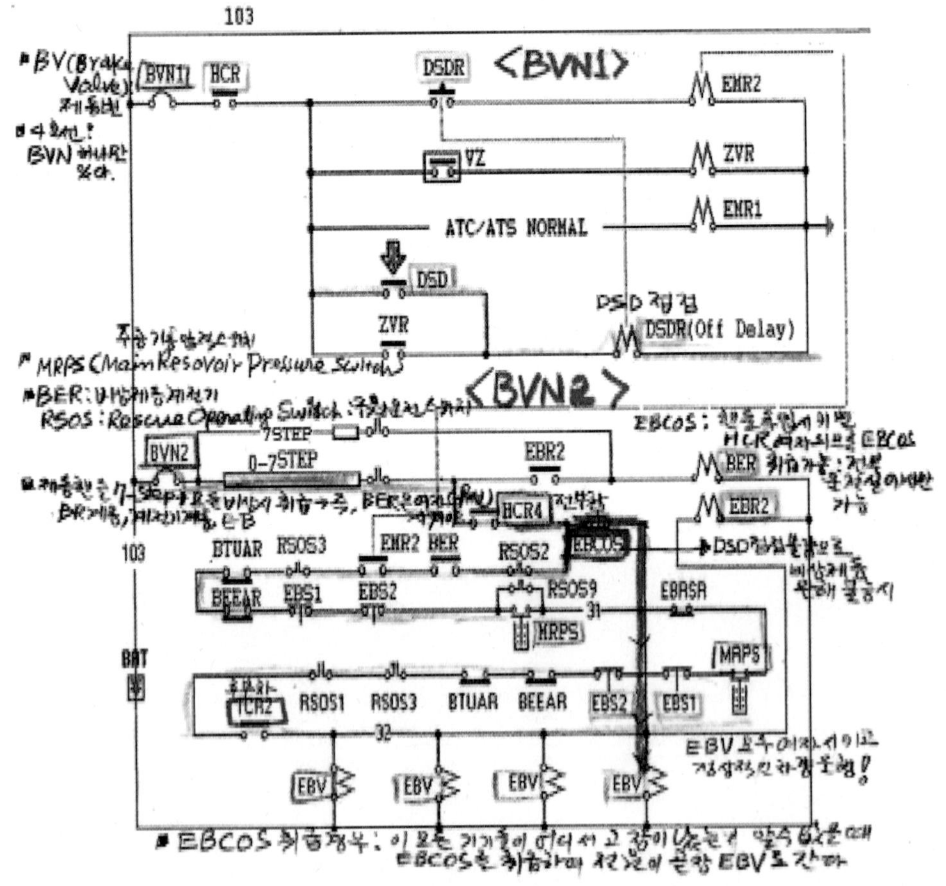

예제 **다음 중 과천선VVVF 전기동차 운전자경계장치(DSD)불능 시 현상 및 조치에 대한 설명으로 틀린 것은?**

가. 비상정차 후 제동제어기(BC)핸들 7단 위치

나. DSD 접점불량으로 비상제동 완해 불능 시 관제사에게 보고 후 EBCOS 취급

다. 차장에게 EBCOS 통보

라. 3초 후 비상제동 동작

해설 5초 후 비상제동 동작

예제 **다음 중 과천선VVVF 전기동차 운전자경계장치(DSD)불능 시 현상 및 조치에 대한 설명으로 틀린 것은?**

가. "안전운행합시다" 경고방송

나. 3초 후 비상제동 동작

다. 비상정차 후 제동제어기(BC)핸들 7단 위치

라. EBCOS취급

해설 '5초 후 비상제동 동작'이 맞다.

예제 **다음 중 과천선VVVF 전기동차 운전자경계장치(DSD)불량 시에 대한 설명으로 틀린 것은?**

가. DSDR 무여자로 경고발생 발생

나. EMR 여자로 비상제동 체결

다. 비상제동이 계속 동작할 경우 관제사에게 보고 후 EBCOS 취급

라. 복귀방법은 역행핸들 OFF 위치 및 제동제어기 비상위치로 이동

해설 EMR 무여자로 비상제동 체결

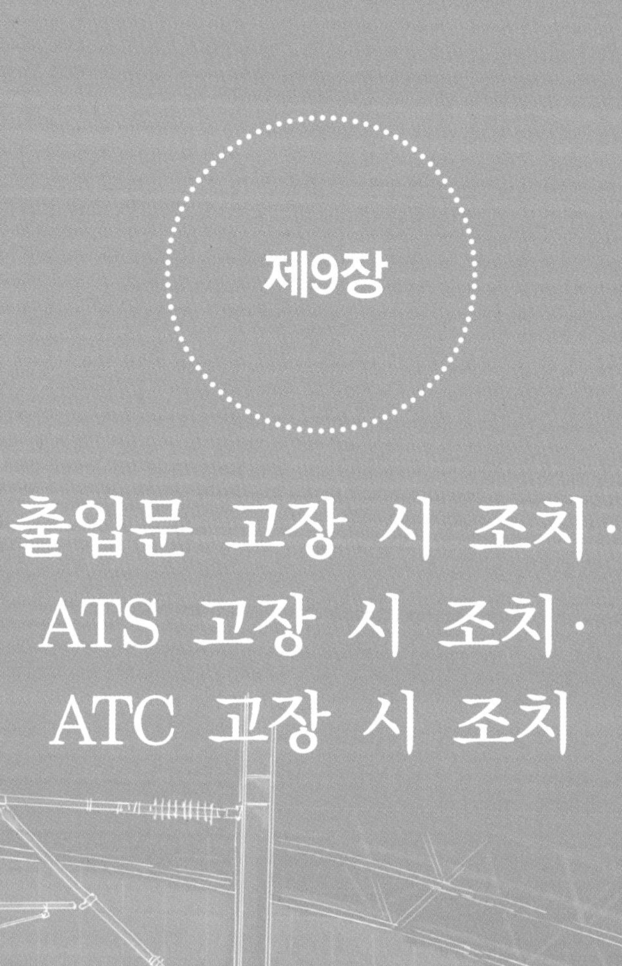

제9장

출입문 고장 시 조치·ATS 고장 시 조치·ATC 고장 시 조치

출입문 고장 시 조치·ATS 고장 시 조치·ATC 고장 시 조치

1. 출입문 고장 시 조치

조치 25 출입문 고장 시 조치

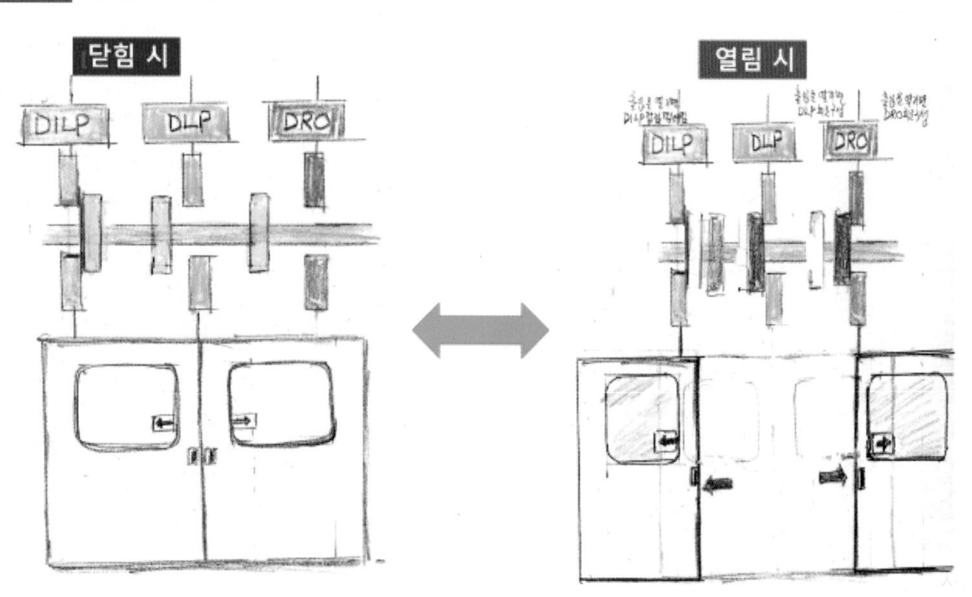

가. 출입문 고장 시 기본조치

① 차측등 및 모니터상 불량 차호 확인
② 출입문 스위치(Crs 및 DOS)수회 개폐취급
③ 해당 출입문 공기관 콕크 및 이물질 개입 여부 등 확인(신형출입문: 공기관 방식)
④ 복귀 불능 시 공기관 콕크 차단 후 출입문 폐쇄 조치(출입문 상단: 열쇄로 잠근다)

※ 출입문
- 청색 차측등: 정상
- 백색 차측등: 고장
- 황색 차측등: 비상경보

※ Crs(Conductor Switch: 출입문 스위치)
※ DILPN(NFB for Door Indicating Lamp: 발차지시등 회로차단기)
※ DIRS(Door Interlock Relay Switch: 출입문비연동스위치)

[출입문]

대구지하철 3호선, 승객 발빠짐 사고 근원적 예방대책 추진

나. DOOR등 점등 불능 시

(1) 원인

① 출입문 1개 이상 열렸을 때

② 출입문 스위치(DS) 접점 불량(80개 접점이 이상이 없어야 한다.)

③ 전후 운전실 DILPN 차단 시(트립 시)

④ Door등 전구 소손 및 출입문 공기관 콕크 차단 시

※ Door등 점등: 출입문이 모두 닫혀야 점등된다.

※ DILPN트립 시: 역행은 되고, Door등은 안 들어 온다.

(2) 조치

① 차측등 및 모니터 상 불량 차호 확인(요즘 PSD가 설치되어 차측등 보기 힘들다. 따라서 모니터에 의존한다)

② 출입문스위치(Crs 및 DOS)수회 개폐 취급

③ 관제실에 차량상태 보고

④ 전후운전실 배전관 내 DILPN 확인

⑤ 해당 출입문 공기관 콕크 및 이물질 개입 여부 등 확인(콕크가 조금 열려 있으면 "공기가 계속 빠져나갔다"라는 의미)

⑥ DS접점 불량으로 판단 시 관제사의 비연동 승인에 의한 DIRS ON 취급

※ Door 등 전구 소손 시 계기등 점등 양호하면 계기등으로 대체 운전

[출입문 회로차단기(CrSN)-출입문전자변(DMV)]

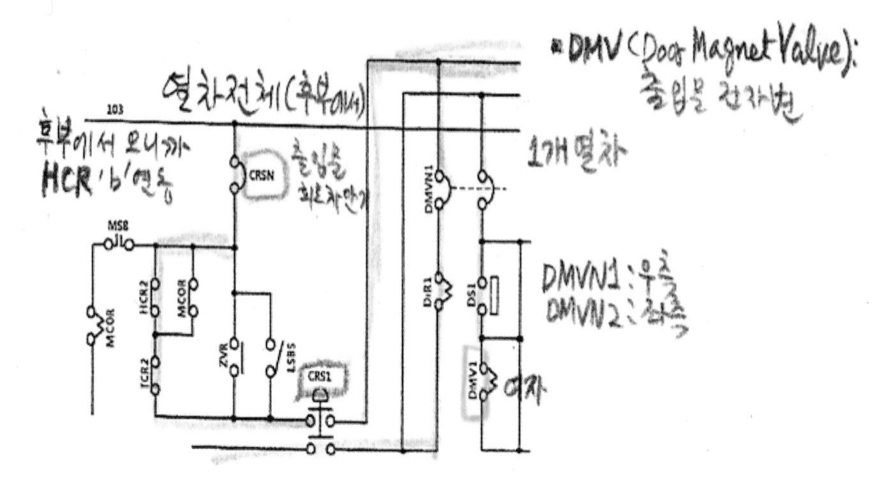

[발차지시등 점등 불능 시 조치]

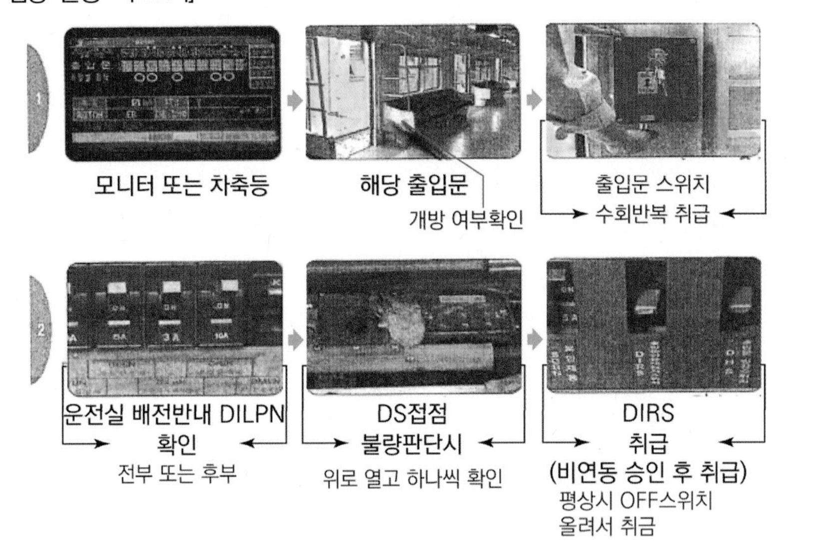

예제 **다음 중 과천선VVVF 전기동차 Door점등 불능 시 원인으로 틀린 것은?**

가. 출입문 1개 이상 열렸을 때

나. 출입문 스위치(DS) 접점 불량(80개 접점이 이상 없어야 한다.)

다. 전후 운전실 DLPN 차단 시(트립 시)

라. Door등 전구 소손 및 출입문 공기관 콕크 차단 시

해설 '전후 운전실 DILPN 차단 시(트립 시)'가 맞는다.

[원인]

① 출입문 1개 이상 열렸을 때
② 출입문 스위치(DS) 접점 불량(80개 접점이 이상이 없어야 한다.)
③ 전후 운전실 DILPN 차단 시(트립 시)
④ Door등 전구 소손 및 출입문 공기관 콕크 차단 시

예제 **다음 중 과천선VVVF 전기동차 Door점등 불능 시 조치로 틀린 것은?**

가. 출입문스위치(Crs 및 DOS)수회 개폐 취급

나. 전후운전실 배전관 내 DILPN 확인

다. 해당 출입문 공기관 콕크 및 이물질 개입 여부 등 확인

라. DS접점 불량으로 판단 시 관제사의 연동 승인에 의한 DIRS ON취급

해설 'DS접점 불량으로 판단 시 관제사의 비연동 승인에 의한 DIRS ON취급'이 맞다.

[조치]

① 차측등 및 모니터 상 불량 차호 확인(요즘 PSD가 설치되어 차측등 보기 힘들다. 따라서 모니터에 의존한다)
② 출입문스위치(Crs 및 DOS)수회 개폐 취급
③ 관제실에 차량상태 보고
④ 전후운전실 배전관 내 DILPN 확인
⑤ 해당 출입문 공기관 콕크 및 이물질 개입 여부 등 확인(콕크가 조금 열려 있으면 "공기가 계속 빠져나갔다"라는 의미)
⑥ DS접점 불량으로 판단 시 관제사의 비연동 승인에 의한 DIRS ON취급

다. 출입문이 열리지 않을 경우

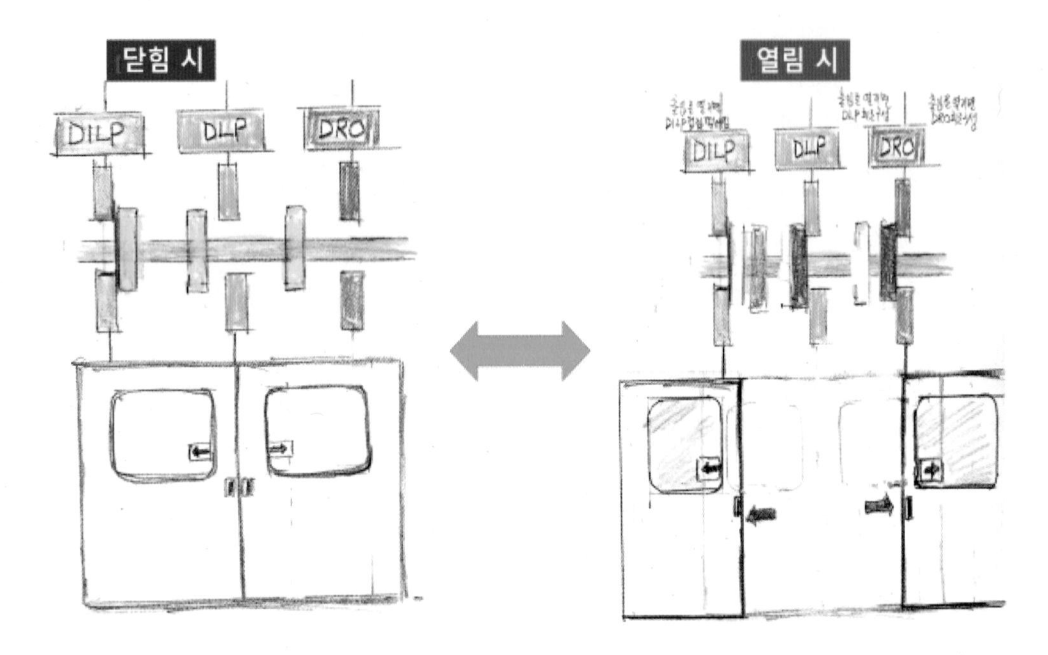

(1) 전체 출입문이 열리지 않을 경우 (전체 열리지 않으면 운전실 체크)

① 전부운전실 배전반의 CrSN 확인

② 전부운전실에서 출입문스위치(Crs 및 DOS)취급해 볼 것

③ 차장이 관제사에게 보고 후 후부운전실 제어대의 LSBS ON취급

※ 2량 이상의 출입문이 열리지 않을 때 - 회송조치
1량(출입문 4개) 정도는 그냥 다닌다.

- CrSN(NFB for Conductor Switch: 출입문스위치회로차단기)
- LSBS(Low Speed By-pass Switch: 저속도바이패스스위치)
- LSR(Low Speed Relay: 저속도계전기)3km/h 이하에서 동작가능(3km/h 이하에서 문 열림 가능)

예제 **전체 출입문이 열리지 않을 때 확인해야 할 NFB는?**

정답 CrSN(NFB for Conductor Switch: 출입문스위치회로차단기)차단 시 전체 차량 열림, 닫힘 불능

예제 **전체 출입문이 열리지 않을 때 조치사항으로 틀린 것은?**

가. 전부운전실 배전반의 CrSN 확인

나. 전부운전실에서 출입문스위치(Crs 및 DOS)취급해 볼 것

다. 차장이 관제사에게 보고 후 후부운전실 제어대의 LSBS ON취급

라. 전부운전실 제어대의 LSBS ON취급

해설 '차장이 관제사에게 보고 후 후부운전실 제어대의 LSBS ON취급'이 맞다.

예제 **전체 출입문이 열리지 않을 때 조치사항으로 틀린 것은?**

가. 전부운전실 배전반의 CrSN 확인

나. 전부운전실에서 출입문스위치(Crs 및 DOS)취급해 볼 것

다. 차장이 관제사에게 보고 후 후부운전실 제어대의 LSBS ON취급

라. 관제사에 보고 후 DIRS ON취급

해설 1개 출입문 닫히지 않을 때 관제사에 보고 후 DIRS ON취급

전동차 문에 낀 가방끈 잡고 있다가... 손가락 절단(SBS뉴스)

(2) 1량 전체 출입문이 열리지 않을 때 (1량, 2량 열리지 않으면 DMVN 체크!)

① 해당차 배전반 DMVN1,2(NFB "Door Magnet Valve": 출입문전자변차단기) 확인(해당차 전자변(DMVN): 의자 밑에 위치 → 의자를 들고 확인)

② 출입문 전체 콕크 3개소 확인(객실 내 1개, 바깥쪽의 왼편, 오른편에 각 1개씩) 관제사 보고

③ 역무원 등 안내원 승차 및 승객분산
④ 필요 시 출입문 쇄정 조치 후 기교체역까지 운행

예제 1량 전체 출입문이 열리지 않을 때 확인해야 할 NFB는?

정답 DMVN1

(3) 1개의 출입문이 열리지 않을 때

① 해당 출입문 전자변(DMV) 및 공기관 콕크 확인(의자 옆 분전함: 문을 열면 ON, OFF전자변이 2개 있다)
② 관제사 보고
③ 역무원 등 안내원 승차, 승객분산
④ 출입문 쇄정 조치 및 출입문 고장표찰 제출 후 기교체역까지 전도운전

다. 출입문이 닫히지 않을 때

(1) 전편성 출입문이 닫히지 않을 때

출입문스위치(CRS) 및 출입문재개폐스위치(DROS(Door Reopen Switch: 출입문재개폐스위치)) 수회 취급

[출입문스위치(CrS)고착 시]

① 출입문스위치(CrS) 취급 후 출입문이 닫히지 않음
② 전부운전실 배전반 내 CrSN OFF시 고착방향 출입문이 닫히고 ON시 출입문이 다시 열림(CrSN ON이면 회로차단기이므로 출입문이 닫혀야 하는데 "안 닫히니 어쩌지?")
③ 회송조치(후부에서 고착되는 것이 일반적이다)

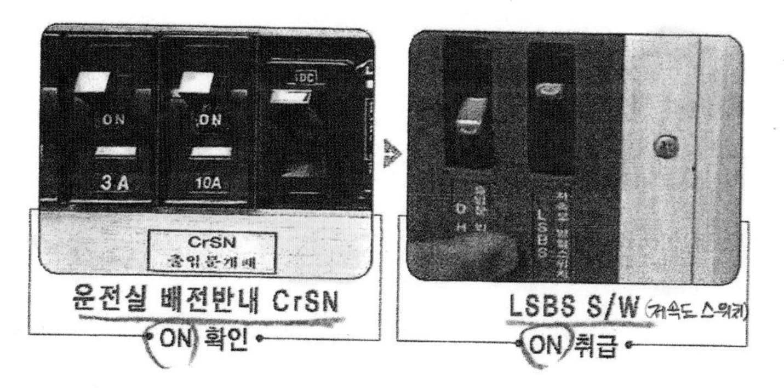

※ CRS는 열려진 상태에서만 작동하므로 CrSN OFF후 CrSN을 ON시켜준다.

[출입문 재개폐스위치(DROS)고착 시] (DROS스위치는 문이 열려진 상태에서 작동하므로)

① 전부 운전실 배전반 내 CrSN OFF하여 출입문 닫고 CrSN ON취급(ON기능을 살려본다) (DROS전원이 CrSN에서 오니까 DROS전원을 없애버린다)

② 다음 역에서 출입문 취급 시
CrS개문취급 → CrS폐문취급 → CrS OFF 후 ON취급
(CrS OFF 후 ON취급은 재개폐스위치(DROS ON) 고착방향에 대해서만 취급하고 재개폐스위치가 고착되지 않은 방향은 정상취급)

(2) 1량 출입문이 닫히지 않을 때

출입문 전체 콕크(3개소) 확인

(3) 1개 출입문이 닫히지 않을 때

① 해당출입문 전자변(DMV) 및 공기관 콕크 확인(의자를 들어내고 공기관 확인한다.)
② 관제사에게 차량상태 보고
③ 출입문 콕크 차단 후 수동 폐문 가능 시 쇄정조치
④ 폐문불능 시 출입분 폐쇄막 설치
⑤ 역무원 등 출입문감시원(안내원) 승차
⑥ 기관사의 승인에 의한 DIRS ON 취급(DS접점 80개가 붙어야 역행하나 역행이 불가능한
⑦ 상태이므로 DIRS ON, 즉 비연동취급하여 조치한다) 기교체역까지 운행

※ 편성 중 2개 이상 출입문이 닫히지 않을 경우 → 회송조치
－닫히지 않을 때: 2개 이상 출입문 → 회송조치

– 열리지 않을 때: 2량 이상 출입문 → 회송조치

예제 **다음 중 과천선VVVF 전기동차 출입문 고장 시 조치에 대한 설명으로 틀린 것은?**

가. DROS고착 시 배전반 내 CrSN OFF하여 출입문을 닫고, CrSN ON취급

나. 편성 중 2개 이상의 출입문이 닫히지 않을 경우 기교체역까지 전도운전한다.

다. 1량 전체 출입문이 열리지 않을 때 해당차 배전반 DMVN1,2확인

라. 1개의 출입문 열리지 않을 경우 해당 출입문 전자변(DMV) 및 공기관 콕크 확인

해설 .편성 중 2개 이상의 출입문이 닫히지 않을 경우 회송조치한다.

예제 **다음 중 과천선VVVF 전기동차 출입문 고장 시 조치에 대한 설명으로 틀린 것은?**

가. 2량 전체 출입문이 열리지 않을 경우 회송조치

나. 전체 출입문이 열리지 않을 경우 전부운전실 배전반의 CrSN 확인

다. 출입문 재개폐스위치(DROS)고착 시 전부 운전실 배전반 내 CrSN OFF

라. 1개 출입문이 닫히지 않을 때 기관사의 승인에 의한 DIRS ON 취급

해설 출입문 재개폐스위치(DROS)고착 시 전부 운전실 배전반 내 CrSN OFF하여 출입문 닫고 CrSN ON취급

예제 **다음 중 과천선VVVF 전기동차 출입문 고장 시 조치에 대한 설명으로 틀린 것은?**

가. 1량 출입문이 닫히지 않을 때 출입문 전체 콕크(3개소) 확인

나. 전편성 출입문이 닫히지 않을 때 출입문스위치(CRS) 및 출입문재개폐스위치(DRO)수회 취급

다. 1개의 출입문이 닫히지 않을 때 해당 출입문 전자변(DMV) 및 공기관 콕크 확인

라. 1량의 출입문이 열리지 않을 경우 차장이 관제사에게 보고 후 후부운전실 제어대의 LSBS ON 취급

해설 전체 출입문이 열리지 않을 경우 차장이 관제사에게 보고 후 후부운전실 제어대의 LSBS ON취급
LSBS(Low Speed By-Pass Switch: 저속도바이패스 스위치): 저속도바이패스 스위치를 취급하면 출입문이 열린다.

예제 다음 중 과천선VVVF 전기동차 고장조치에 대한 설명으로 잘못된 것은?

가. 전체 출입문 열림 닫힘 불능 시 전부운전실 배전반의 CrSN 확인
나. 비상제동개방스위치(EBCOS)를 취급하고 열차 분리 시 분리된 앞부분 비상제동 불능
다. 강제완해스위치(CPRS)취급 시 해당 차는 공기제동 및 비상제동 불능
라. L1트립 시 VCOS취급은 반드시 CIFR 동작 시에 한하여 시행

해설 강제완해스위치(CPRS)취급 시 해당 차는 공기제동 불능 및 비상제동은 가능

예제 다음 중 과천선VVVF 전기동차 DLPN 트립 시 나타나는 현상으로 맞는 것은?

가. 발차지시등 점등불능
나. 해당차 차측등 점등
다. 모니터에 출입문 동작상태 현시
라. 해당 차 출입문 열림 현시

해설 나. 해당차 차측등 점등불능
다. 모니터에 출입문 동작상태 현시
라. 해당 차 출입문 열림 불능(TC차 DLPN차단 시 전차량 반감회로 구성 불능)

예제 다음 중 과천선VVVF 전기동차 12JP 선의 출입문등 점등선으로 맞는 것은?

가. 27선
나. 145선
다. 10선
라. 164선

해설 **[12JP 선 종류]**
- 10선: 회생제동 지령선
- 27, 28, 29선: 상용제동 지령선
- 31, 32: 비상제동 지령선
- 33선: 보안제동 지령선
- 100선: 접지선
- 145선: 출입문등 점등선
- 164선: 승무원 연락용 버지선
- 175, 176선: 차내방송선

2. ATS 고장 시 조치

조치 26 열차자동정지장치(ATS) 고장 시 조치

가. ATS고장 시 현상

비상제동동작

나. ATS고장 시 조치

① 관제사에게 차량상태 보고

② 관제사의 지시에 따른 차단승인 번호((4호선 운전명령번호: (4-12))에 의해 ATS차단스위치(ATSCOS)취급

③ 신호현시 상태 확인 및 제한속도 엄수하여 전도운전(45km/h: 언제라도 정지가능하도록)

④ 비상제동 완해 및 역행불능 시 ATC차단스위치(ATCCOS)도 차단 취급(ATC가 고장나면 ATS도 영향을 받으므로 ATC도 차단 취급해 본다)

[차단 시 순서]

① ATSCOS

② ATCCOS

※ 운전보안장치(ATS, ATC) → 옵션 장치이다.

※ 보안장치의 전원(중요한 장치이므로): MCN. HCRN으로부터 내려온다.

※ 4호선 및 과천선: ATS, ATC동시 사용(2개 모두 a연동, b연동하면 작동이 불가능하다)

[ATS 회로]

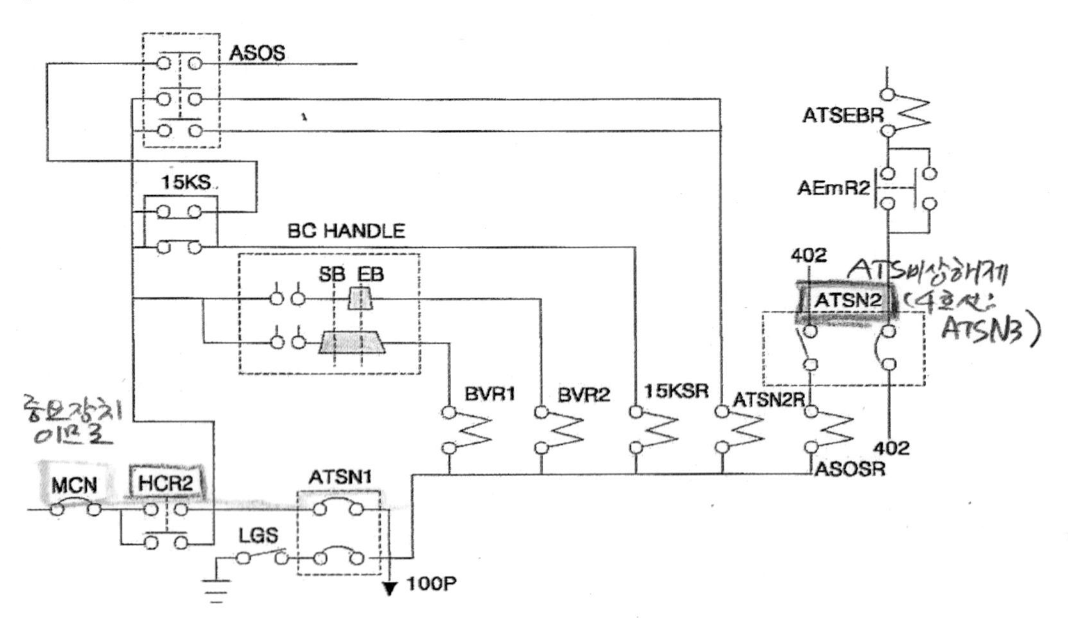

[열차자동 정지장치(ATS)]

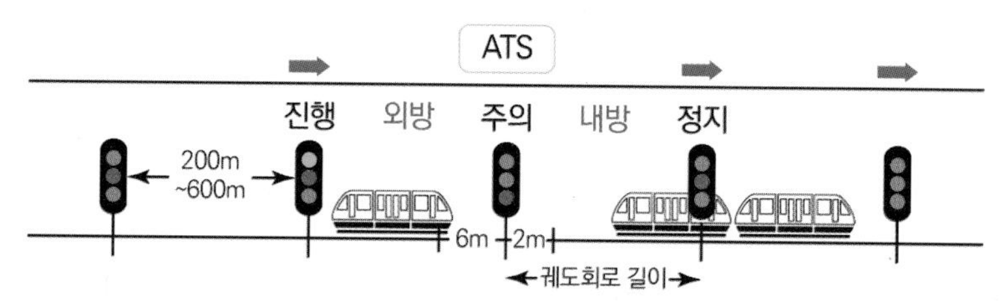

• 뒤에서 오는 열차는 진행신호, 주의신호 통과하여 정지신호에서 정차하지 못했다.
• 지상자에서 정지속도코드를 쏴주면 차량은 정지속도 코드를 받아 정지시킨다.

• 선행열차의 열차위치를 파악하여 후속열차에 대한 안전한 운행속도를
• 지상신호기를 통하여 승무원 기관사에게 지시하고 과속 시 ATS가 작동
• 궤도회로의 길이를 200m~600m로 구분하여 열차위치 검지((궤도회로의 길이: 폐색구간의 길이) 궤도를 전기회로의 일부분으로 활용한다. 폐색구간은 궤도회로가 만들어 지면서 가능해졌다고 볼 수 있다. 열차가 폐색구간을 진입하면 열차 축에 의해 단락이 된다. 열차가 점유하는 것을 알 수 있게 된다. 하나의 열차의 길이가 20m이므로 10량이면 200m에 달하므로 200m는 최소 길이로 보면 된다.)
• 선행열차와의 거리에 따라 지상신호에 주의, 감속, 정지 등의 신호를 현시
• 신호기 내방 2m, 외방 6m 정도 사이에 설치된 ATS지상자에 신호조건 연계('주의'이면 주의신호를 쏴주고, '정지'이면 정지신호를 쏴준다)

[ATS(Automatic Train Stop)]

허용속도를 초과할 경우 5초간 부저를 울려 기관사에게 감속하라고 알리고 5초동안 감속이 이루어지지 않을 경우 공진주파수를 통해 열차를 비상제동하는 시스템

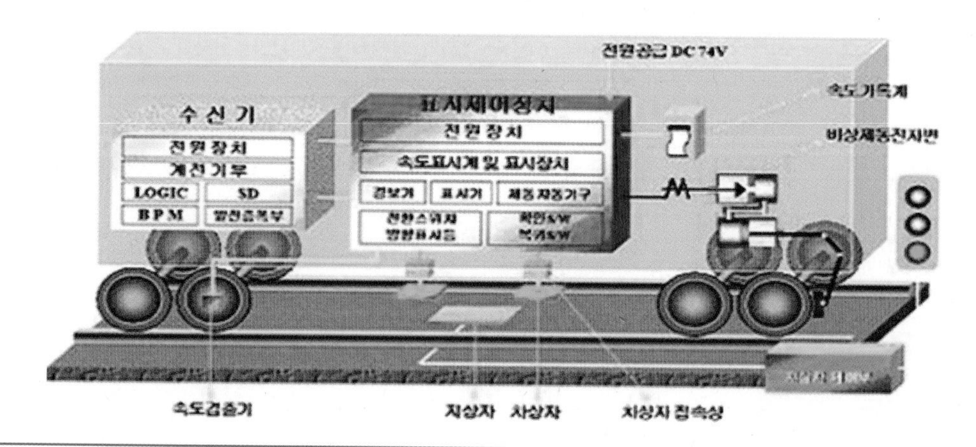

– 지시속도보다 높을 경우 차상 ATS 장치는 과속 경보
– 3초 이내에 지시하는 속도 이하로 운행해야 하며 이를 무시할 경우
– ATS지상 장치는 열차를 자동으로 비상정지

[학습자료] 열차자동정지장치(ATS: Automatic Train stop)에 대하여

ATS란?

(1) 열차자동정지장치(ATS: Automatic Train Stop): 열차가 정지신호(빨간 불)인데도 진입하였거나 허용된 신호 이상으로 운전할 경우 무조건 자동으로 정지시키는 장치
(2) 초창기 ATS Go/Stop만 갖고 있었으나 현재는 보다 안전하고 효과적인 열차방어를 위해 진행(G)/감속(YG)/주의(Y)/경계(YY)/정지(R)로 단계적으로 구분된 속도코드를 가지고 있다. 서울 1호선, 2호선 등에서 채택하고 있다.
(2) 점제어식(Intermittent Control): 지상의 특정지점에서 정지신호에서만 동작하는 방식
(3) 속도조사식: 신호기 직하에서 그 신호기 현시에 따라 열차속도를 제어하는 방식
(4) 공진주파수: 회로에 포함되는 L과 C에 의해 정해지는 고유 주파수와 전원의 주파수가 일치함으로서 공진 현상을 일으켜 전류 또는 전압의 최대가 되는 주파수

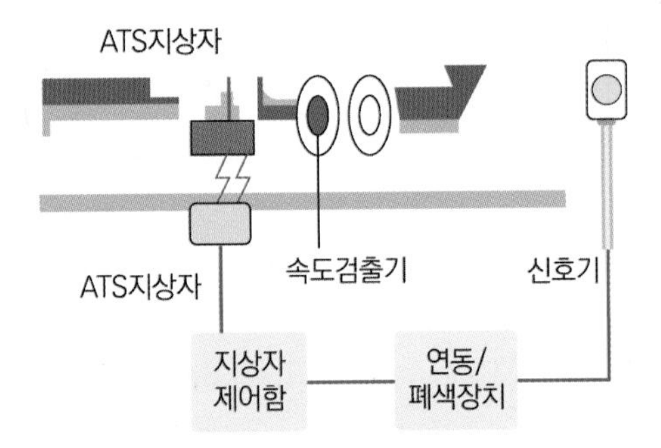

지상자
ATS 신호에서는 신호등 옆의 선로 중간에 하얀색 장치가 설치되어 있다. 이 장치를 지상자라고 부른다. 이 장치에서는 특정한 전파가 발신되는데 중요한 것은 옆에 설치된 신호등 색깔에 따라 다른 전파를 쓴다는 점이다.

[ATS(지상신호방식+차상신호방식)](ATS에 의한 점제어)

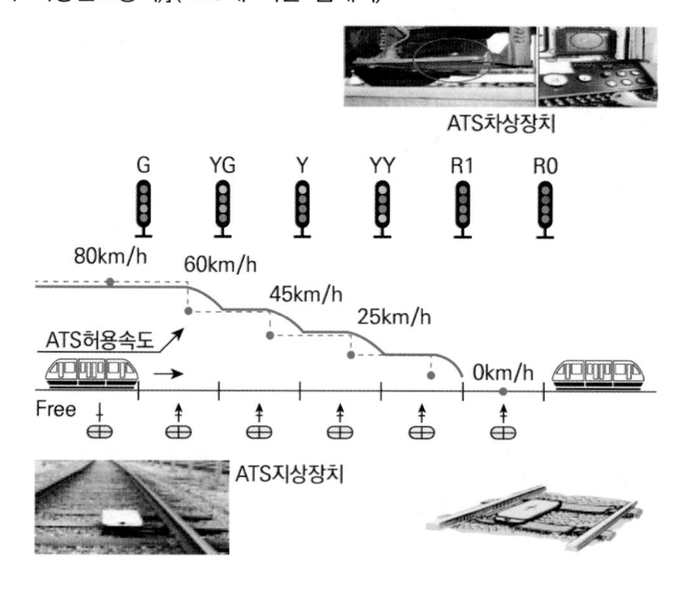

예제 **다음 중 과천선VVVF전기동차의 열차자동정지장치(ATS) 고장 시 현상 및 조치가 아닌 것은?**

가. 비상제동 완해 및 역행불능 시 ATC차단스위치(ATCCOS)도 차단 취급

나. 신호현시 상태 확인 및 제한속도 엄수하여 전도운전

다. 기관사가 TC에서 ATS차단스위치(ATSCOS)취급

라. 관제사에게 차량상태 보고

해설 '관제사의 지시에 따른 차단승인 번호에 의해 ATS차단스위치(ATSCOS)취급'이 맞다.

[ATS 시스템 현시램프]

ATS 운영모드 선택시 ATS 시스템 현시램프가 점등된다.

ATS

[ATC시스템 현시램프]

ATC 운영모드 선택시 ATC 시스템 현시램프가 점등된다.

ATC

[절환 자동표시]

계 선택(OMS) 스위치가 AUTO에 있을 경우 ATS/C AUTO가 표시되며 아닌 경우 MANUAL이 표시된다.

ATS/C AUTO | ATS/C MANU

[ATC에서ATS전환 시 락(Lock: 잠금)체결]

3. ATC 고장 시 조치

조치 27 열차자동제어장치(ATC) 고장 시 조치

가. ATC 고장 시 현상

① 비상제동 및 ATC에 의한 7단 제동 체결

② ATC속도표시기(ADU: Aspect Display Unit(차내신호기))에 STOP신호 명멸, 경고음 울림

③ 자동제어(BC)핸들 1－7단 취급 시 경고음 정지

④ 열차 정차 후 15신호 현시(VZ(Zero Velocity Signal: "0"속도신호)고장 시는 15현시 안 됨)

⑤ 모니터상에 비상제동 동작 및 ATC란에 EB명멸, NOTCH란에 EB현시

[고장원인]

－ATC기계적 고장

－ATC오 오는 전원고장

※ 비상제동: 제동 7단으로 BER을 여자시켜 해방시킨다.

※ 속도초과 시(Over－Speed):

－7단 제동체결(4호선: 6단 제동)

－ATS: 3초 내 비상제동(3초 내 4 Step)

※ 비상음

－ATS: "때르릉"

－ATC: "삐삐 －－－－－"

나. ATC 고장 시 조치

① 관제사 승인 후(4~8번호받는 것: 관제사 승인) ATC차단스위치(ATCCOS)를 취급하고 45km/h 이하의 속도로 최근정거장까지 지령운전

② 재동재어기(BC)핸들 완해위치에서 2~3초 후 역행취급

③ ATS 구간 진입 후 ATS에 의한 정상운행

④ 출입문 취급은 차장이 LSBS(Low Speed By－Pass Switch: 저속도바이패스스위치) ON으로 하고(LSBS취급하면 출입문이 열린다) 출입문 취급

※ 출입문 닫은 후에는 반드시 LSBS OFF 후 전도운전한다.

※ ZVR이 작동이 안될 때 By－Pass취급해야 문이 열린다. 그러므로 출입문 닫은 후에는 LSBS OFF시켜야 한다)

[ATC(열차자동 제어장치)]

(1) 차내 신호방식을 사용
(2) 선행열차의 위치를 파악하여 후속열차에 안전한 운행속도와 정지신호등을 지시하여 충돌과 추돌방지
(3) 연속제어 방식이므로 선행 열차의 거리에 따라 민감하게 반응하므로 (ATC는 연속적으로 속도코드를 받고 있기 때문에 연속제어방식이다. ATS는 지상자가 있는 곳에서만 정보를 받을 수 있다. 민감하게 반응한다? 열차A가 25km/h구간에 진입함과 동시에 선행열차B가 출발해서 빠르게 가버린다면 열차A의 속도가 자동으로 45Km/h 또는 65Km/h로 전환되어 버린다.)
(4) ATS장치보다는 선로 이용률을 더 높일 수 있음(조금 더 조밀하게 열차운행이 가능해진다.)
(5) 궤도회로의 길이는 ATS 방식과 같으며
(6) 레일을 송신안테나를 이용하여 신호기로 대용
(7) 운행중인 열차의 차상ATC 시스템은 레일로부터 속도명령을 수신함
(8) 속도명령에 의한 지시속도보다 과속 운행할 경우 자동으로 지시하는 속도로 감속시킴(ATS 경우 기관사가 4스텝 이상을 취급해 주어야만 감속이 되는 데 비해)

[ATC 모드]

YARD 버튼	15Km/h 버튼
Yard 모드로 진입하며 점등 표시된다.	무코드 나 정지신호(16.2Hz) 수신 시에 일단 정지 후를 눌러 열차 진행
YARD	15Km/h

[ATC 직동원리]

ATC

• 속도코드가 운전실 내에 있는 표시판에 현시
• 기관사는 현시를 보고 운전하면 된다.

65Km/h 45Km/h 25Km/h 0Km/h

• ATS보다 한 단계 발전
• ATC에서는 지상의 신호기가 없어지고
• 신호기가 전동차 안으로 들어간다
• 궤도에 속도주파수를 올려준다.
• ATC는 레일을 통해서 연속적으로 정보를 전송해준다.
• 기관사는 연속적으로 속도정보등을 받으면서 운행한다.

[ATC 와 관련된 신호보안장치]

ATC
(Automatic Train Control)
열차의 운행을
자동으로 감시하고 제어

- ATP: 열차의 운영을 감시
  (Automatic Train Protection)
- ATO: 열차의 자동으로 운행
  (Automatic Train Operation)
- TWC: 현장의 제어실과 열차외의 통신을 제공
  (Train Wayside Communication)

[ATS와 ATC System 비교]

분류	ATS	ATC
제어방식	점제어	연속제어
신호기	설치됨	없음(궤도회로)
운전형태	본선운전 구내운전 (수동설정) 15Km/h운전, 특수운전	본선운전 구내운전 (자동설정) 정지 후 진행운전
속도 초과 시	3초 이내 확인제동 (Y, YY감시)	ATC자동 7Step제동 (모든 속도코드 감시)
열차지시 속도	지상자 및 차상자	궤도회로 및 수신코일

[궤도회로]

예제 다음 중 과천선VVVF전기동차의 열차자동제어장치(ATC) 고장 시 현상이 아닌 것은?

가. 비상제동 체결

나. ATC속도표시기인 ADU에 STOP신호 명멸

다. 자동제어(BC)핸들 1~7단 취급 시 경고음 정지

라. 모니터상에 비상제동 동작 및 ATC란에 EBCOS명멸, NOTCH란에 EBCOS현시

해설 모니터상에 비상제동 동작 및 ATC란에 EB명멸, NOTCH란에 EB현시

[열차자동제어장치(ATC) 고장 시 현상]

- 비상제동 및 ATC에 의한 7단 제동 체결
- ATC속도표시기(ADU: Aspect Display Unit(차내신호기))에 STOP신호 명멸, 경고음 울림
- 자동제어(BC)핸들 1~7단 취급 시 경고음 정지
- 열차 정차 후 15신호 현시(VZ(Zero Velocity Signal: "0"속도신호)고장 시는 15현시 안 됨)
- 모니터상에 비상제동 동작 및 ATC란에 EB명멸, NOTCH란에 EB현시

예제 다음 중 과천선VVVF전기동차의 열차자동제어장치(ATC) 고장 시 현상이 아닌 것은?

가. ATC속도표시기(ADU: 차내신호기)에 STOP신호 명멸, 경고음 울림

나. 자동제어(BC)핸들 1-7단 취급 시 경고음 정지

다. 열차 고장 후 15신호 현시

라. 모니터상에 비상제동 동작 및 ATC란에 EB명멸, NOTCH란에 EB현시

해설 열차 정차 후 15신호 현시(VZ(Zero Velocity Signal: “0”속도신호)고장 시는 15현시 안 됨)

예제 **다음 중 과천선VVVF전기동차의 열차자동제어장치(ATC) 고장 시 조치사항으로 틀린 것은?**

가. 관제사 승인 후 ATCCOS를 취급하고 45km/h이하의 속도로 최근정거장까지 지령운전

나. 제동재어기(BC)핸들 완해위치에서 2~3초 후 역행 취급

다. ATS 구간 진입 후 ATS와 ATC에 의한 정상운행

라. 출입문 취급은 차장이 LSBS ON으로 하고 출입문 취급

해설 ATS 구간 진입 후 ATS에 의한 정상운행

예제 **다음 중 과천선VVVF전기동차의 열차자동제어장치(ATC) 고장 시 조치사항으로 틀린 것은?**

가. ATS 구간 진입 후 ATS에 의한 정상운행

나. 출입문 취급은 차장이 LSBS ON으로 하고 출입문 취급

다. 제동재어기(BC)핸들 완해위치에서 2~3초 후 역행 취급

라. 관제사 승인 후 ATCN을 취급하고 25km/h 이하의 속도로 최근정거장까지 지령운전

해설 관제사 승인 후 ATCCOS를 취급하고 45km/h 이하의 속도로 최근정거장까지 지령운전

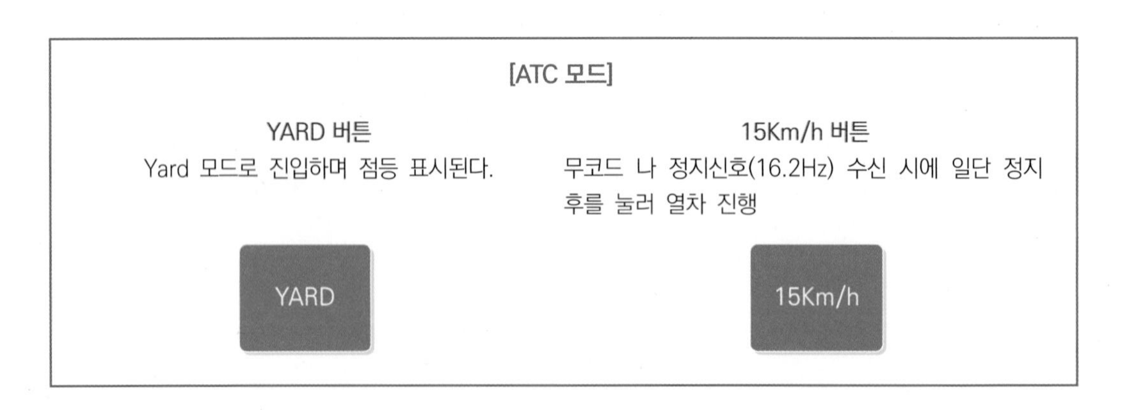

제10장

MCB ON등, MCB OFF등, POWER등 점등 불능 시 조치·비상제동 완해 불능 시 조치·제동 불완해 발생 시 조치·제동제어 유니트(T, M) 제동불능 시 조치

MCB ON등, MCB OFF등, POWER등 점등 불능 시 조치·비상제동 완해 불능 시 조치·제동 불완해 발생 시 조치·제동제어 유니트(T, M) 제동불능 시 조치

1. MCB ON등, OFF등 POWER등 점등 불능 시 조치

조치 28 MCB ON등, OFF등 POWER등 점등 불능 시 조치

※ MCB ON등: 후부차에서 온다.

가. MCB ON등, OFF등 POWER등 점등 불능 시 조치

① 후부 TC차 표시등회로차단기(PLPN: Pilot Lamp) ON확인

② 전구 절손 여부

[2가지 양소등(2개 모두 들어오지 않는다)]

(1) MCB ON

MCB OFF

(2) 차측등 ON

차측등 OFF

－절연구간 지나갈 때 양소등 현상

–양소등 형상이 나타나면: 대부분 EPanDS 취급해야 한다.
–특히 소리가 날 때 EPanDS취급해야 한다.

※ CTR(Converter Control Relay: 주변환장치제어계전기) → HB가 여자되어 역행할 때 (HB1,2, LS)여자되는 계전기
※ MCBR1: MCB 투입 시 첫 번째 계전기
※ MCBR2: MCB가 한 번 투입되면 그대로 유지하는 계전기
※ MCBR3: MCB 차단 시 여자되는 계전기

[MCB ON등, MCB OFF등, POWER등 점등불능 시 조치]

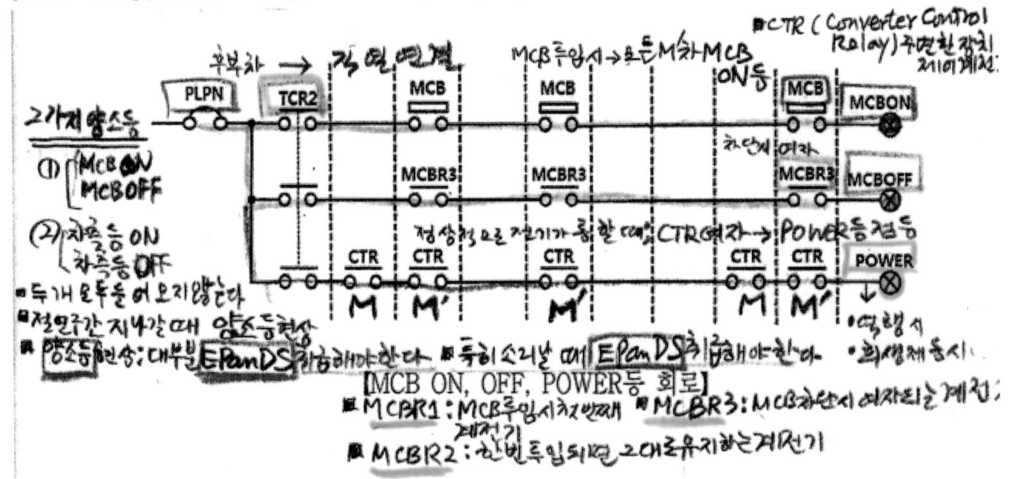

2. 비상제동 완해 불능 시 조치

조치 29 비상제동 완해 불능 시 조치

가. 비상제동 완해 불능 시 동작원인

비상제동 LOOP 선(31, 32 선) 가압 불능

나. 비상제동 완해 불능 시 현상

① 모니터 "비상제동 동작" 현시
② 역행불능

다. 비상제동 완해 불능 시 조치

① BVN1, BVN2 및 HCRN확인(필요 시 OFF, ON)

② 주공기압력 확인 MRPS(MR 6.0~7.0kg/cm^2)

③ 전, 후 운전실 차장변(EBS1,2) 확인

④ 운전자경계장치(DSD) 동작여부 확인

⑤ 구원운전스위치(RSOS) 정상위치 확인

⑥ ATC, ATS 관련 스위치 확인

⑦ 관제사 및 차장에게 통보 후 EBCOS(Emergency Brake Cut－Out Switch: 비상제동차단 스위치)취급(차장변 동작 불능, 열차 분리 시 분리된 앞부분 비상제동 불능)

⑧ ATCCOS, ATSCOS 취급

※ MRPS(Main Reservoir Pressure Switch: 주공기통 압력스위치)

※ RSOS(Rescue Operating Switch: 구원운전스위치)

예제 **다음 중 과천선 VVVF전기동차 비상제동 완해불능 시 조치가 아닌 것은?**

가. BVN1,2 확인

나. RSOS 정상위치 확인

다. HCRN확인

라. ELBCOS 취급

해설 'ELBCOS 취급'은 비상제동 완해불능시 조치에 해당되지 않는다. ELBCOS(Electric Brake Cut-Out Switch)는 전기제동차단스위치로 전기제동과 관련된 스위치이다.

[비상제동 완해불능 시 조치 회로도]

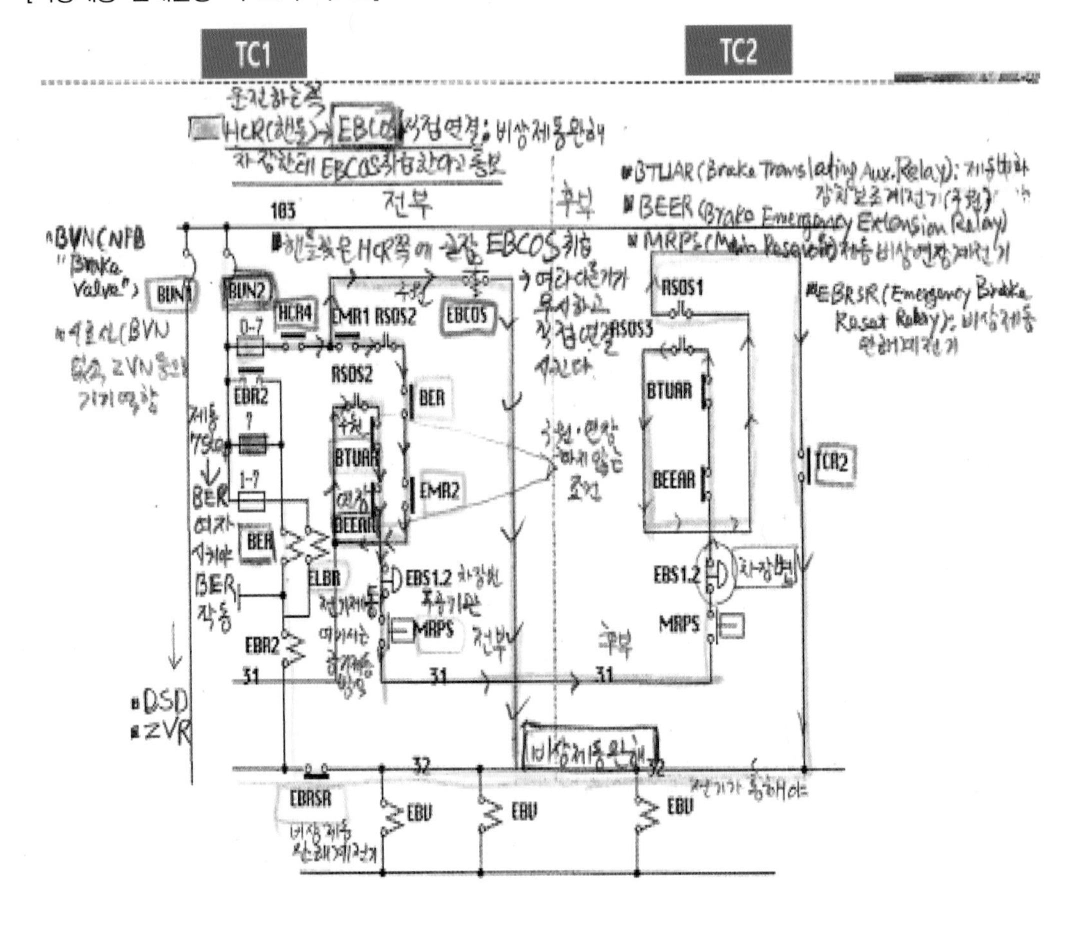

[비상제동 완해불능 시 조치]

모니터 또는 공기압력계

운전실 제어대 BVN1·2, HCRN
OFF 후에 ON 취급

공기압력계
확인 6~7kg/cm²

전 · 후 운전실 EBS1,2, SCBS (보안제동스위치)
Security Brake
동작상태 확인

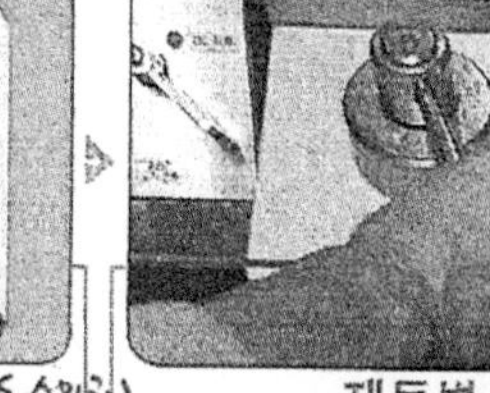

제동변
7단 확인후 완해

EBCOS: 취급전 관제사및 차장에게 반드시 통보후 취급

[학습코너] 비상제동이 동작하는 조건	
• BVN1,2 및 HCRN 차단 시	• 주공기압력 6.0kg/cm^2 이하 시
• 전후부 운전실 차장변(EBS1,2)동작 시	• ATSN1, ATCN, ATCPSN차단 시
• ATS 및ATC에 의해 비상제동 체결 시	• DSD 동작 시 동작 시
• RSOS 정상위치 아닐 것	• 열차분리 시
• BC 비상위치 시	

예제 다음 중 과천선 VVVF전기동차 비상제동 완해불능 시 확인사항이 아닌 것은?

가. BVN1, BVN2 및 HCRN확인

나. 주공기압력 확인 MRPS(MR 6.0~7.0kg/cm^2)

다. 전, 후 운전실 EBS1확인

라. 구원운전스위치(RSOS) 정상위치 확인

해설 전, 후 운전실 차장변(EBS1,2) 확인

예제 **다음 중 과천선 VVVF전기동차 비상제동 완해불능시 조치가 아닌 것은?**

가. 전후부운전실 BVN1, BVN2확인

나. 주공기압력 확인 MRPS(MR 6.0~7.0kg/cm^2)

다. ATCCOS, ATSCOS 취급

라. 구원운전스위치(RSOS) 구원위치 확인

해설 '구원운전스위치(RSOS) 정상위치 확인'이 맞다.

[비상제동 완해불능시 조치]

- BVN1, BVN2 및 HCRN확인(필요 시 OFF, ON)
- 주공기압력 확인 MRPS(MR 6.0-7.0kg/cm^2)
- 전, 후 운전실 차장변(EBS1,2) 확인
- 운전자경계장치(DSD) 동작여부 확인
- 구원운전스위치(RSOS) 정상위치 확인
- ATC, ATS 관련 스위치 확인
- 관제사 및 차장에게 통보 후 EBCOS(Emergency Brake Cut-Out Switch: 비상제동차단스위치)취급(차장변 동작 불능, 열차 분리 시 분리된 앞부분 비상제동 불능)
- ATCCOS, ATSCOS 취급

예제 **다음 중 과천선 VVVF전기동차 비상제동 완해불능 시 조치사항으로 틀린 것은?**

가. MCBCOS 취급

나. BVN1,2확인

다. HCRN확인

라. RSOS 정상위치 확인

해설 'MCBCOS 취급'은 비상제동 완해불능 시 조치사항에 해당되지 않는다.

예제 **다음 중 과천선 VVVF전기동차 비상제동 완해불능인 경우의 원인이 아닌 것은?**

가. 전후부운전실 BVN차단 시

나. 전후부운전실 HCRN차단 시

다. 전부운전실 MCN차단 시

라. 전부운전실 ATCN, ATCPSN차단 시

해설 '전부운전실 MCN차단 시'는 해당되지 않는다.

예제 **다음 중 과천선 VVVF전기동차 비상제동이 동작하는 조건은?**

가. 주공기압력 6.0kg/cm^2 이하 시
나. 전후부 운전실 차장변(EBS1,2)동작 시
다. ATCN, ATCN1, ATCPSN차단 시
라. DSD 동작 시

해설 'ATSN1, ATCN, ATCPSN차단 시'가 맞다.

[비상제동이 동작하는 조건]

- BVN1,2 및 HCRN 차단 시
- 주공기압력 6.0kg/cm^2 이하 시
- 전후부 운전실 차장변(EBS1,2)동작 시
- ATSN1, ATCN, ATCPSN차단 시
- ATS 및 ATC에 의해 비상제동 체결 시
- DSD 동작 시 동작 시
- RSOS 정상위치 아닐 것
- 열차분리 시
- BC 비상위치 시

3. 제동 불완해 발생 시 조치

조치 30 제동 불완해 발생 시 조치

가. 제동 불완해 발생 시 현상

모니터에 "제동불완해 발생"현시

※ 차륜에 압력공기가 남아 있으면 돌아가지 못하고 차륜이 미끄러져 따라가게 된다(찰상).
→ 이럴 때 제동불완해 현상이 일어난다.

※ 공기가 5초간 1kg/cm^2이라는 압력으로 브레이크 실린더(BC)에 남아 있을 때 "제동불완해 발생"현시

나. 제동 불완해 발생 시 조치

① 모니터에서 동작차량 확인 후 "압력"부분을 터치하여 제동통압력 확인

② 제동제어기 완해위치에서 강제완화스위치(CPRS)취급(제동통에 남아 있는 1kg/cm^2 압력공기가 빠져나감)

③ 강제완화스위치(CPRS)를 취급 후에도 완해불능 시에는 관제실 보고 후 BC전완해콕크 취급하여 제동 해방(BC콕크를 커트(Cut)시키면 → 내부에 있는 공기가 다 나오게 된다)

④ BC 전완해콕크 취급 후 제동축 비율 100 미만 80 이상으로 110km/h 이하 운행(4호선 65km/h)

[완해스위치]

– 과천선 → CPRS(Compulsory Release Switch: 강제완화스위치)

– 4호선 → EBRS(Emergency Brake Reset Switch: 비상제동완해스위치)

[제동축 비율]

차량 1대에 차륜(바퀴)가 4개이므로 총 40개 바퀴가 달려있다. 이 중 80%인 32개 차륜이 정상이면 시속 110km/h까지 운행힐 수 있다. 만약 30개 바퀴가 정상 시 속도를 낮추어야 한다.

[제동불완해 발생 시 조치]

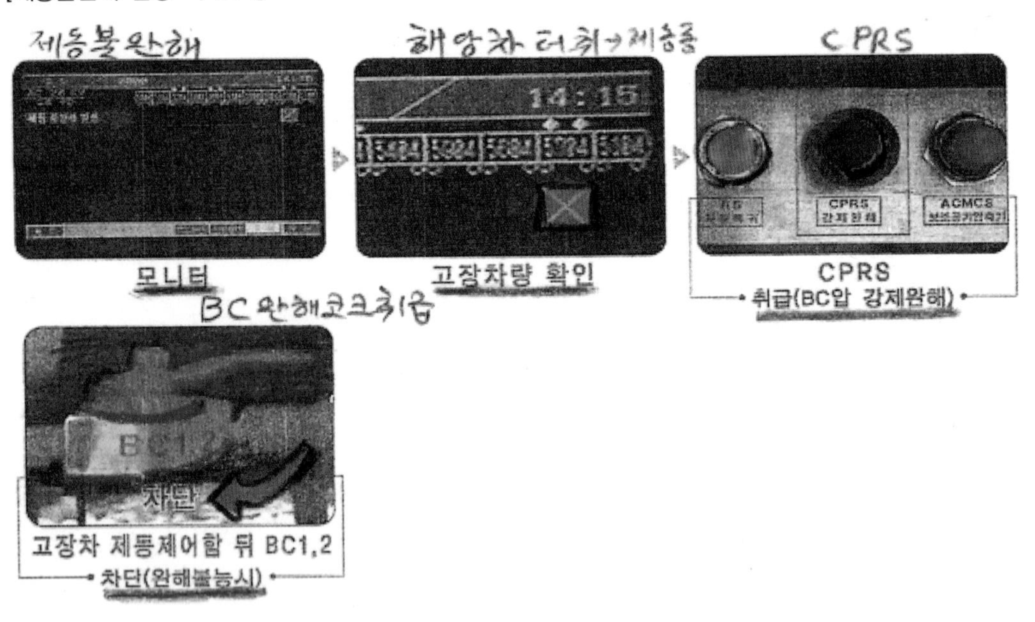

예제 다음 중 과천선 VVVF 전기동차 TGIS화면에 제동불완해가 현시되었을 경우 BC전체완해코크 취급 후 제동축 비율 40%이상 80% 미만이면 몇 km/h로 운행하여야 하는가?

가. 정상운전

나. 65km/h 이하

다. 45km/h 이하

라. 25km/h 이하

해설 BC전체완해코크 취급 후 제동축 비율 40%이상 80% 미만이면 45km/h 이하로 운행한다.

4. 제동제어 유니트(T, M) 제동불능 시 조치

조치 31 제동제어 유니트(T, M) 제동불능 시 조치(제동제어 전체시스템 문제 발생 시)

가. 제동제어 유니트(T, M) 제동불능 시 동작원인

구동차 EOD 작용 불능

※ EOD(Electronic Operating Device: 전기제동적용장치)

나. 제동제어 유니트(T, M) 제동불능 시 현상

① 모니터에 "제동제어통신장치이상" 현시(전원이 오지 않는다)

② 제동취급 시 해당 유니트 회생제동 불능(비상제동은 가능)

다. 제동제어 유니트(T, M) 제동불능 시 조치

① 모니터로 제동통(BC)압력 확인(해당차BC압력이 안 올라간다 "아! 이 차 BC관련 제동장치 고장이구나!")

② 제동통(BC)압력 상승불능 구동차 배전반 내 EODN 확인

예제 **과천선 VVVF 전기동차 제동제어 유니트(T, M) 제동불능 시에는 무엇으로 조치하나?**

정답 제동제어 유니트(T, M) 제동불능 시 구동차 배전반 내 EODN 확인한다.
EODN(NFB for Electronic Operating Device: 전기제동작용장치회로차단기)

제11장

TC차 전면 2지변 MR 누설 시 조치·TC차 이외 차량 내 공기 누설·MR 상승불능 시 조치·MR 9kg/㎠ 이상 상승 시 조치

TC차 전면 2지변 MR 누설 시 조치·TC차 이외 차량 내 공기 누설·MR 상승불능 시 조치·MR 9kg/㎠ 이상 상승 시 조치

1. TC차 전면 2지변 MR 누설 시 조치

조치 32 TC차 전면 2지변(운전대 앞 부분) 주공기(MR) 누설 시 조치

※ 1지변: 앞 운전실 CM앞 쪽을 1지변이라고 한다. 한쪽에 1지변, 2지변 모두 위치하고 있다.

※ VVVF차 CM은 TC차에 있다.

※ 2지변 파열: MR공기관 파열

가. TC차 전면 2지변 주공기(MR) 누설 시 현상

① 비상제동 체결(압력이 없으므로 당연히 역행하지 못한다)

② 역행불능

※ CM계통: 전차량을 관통하므로 전차량 운행불능

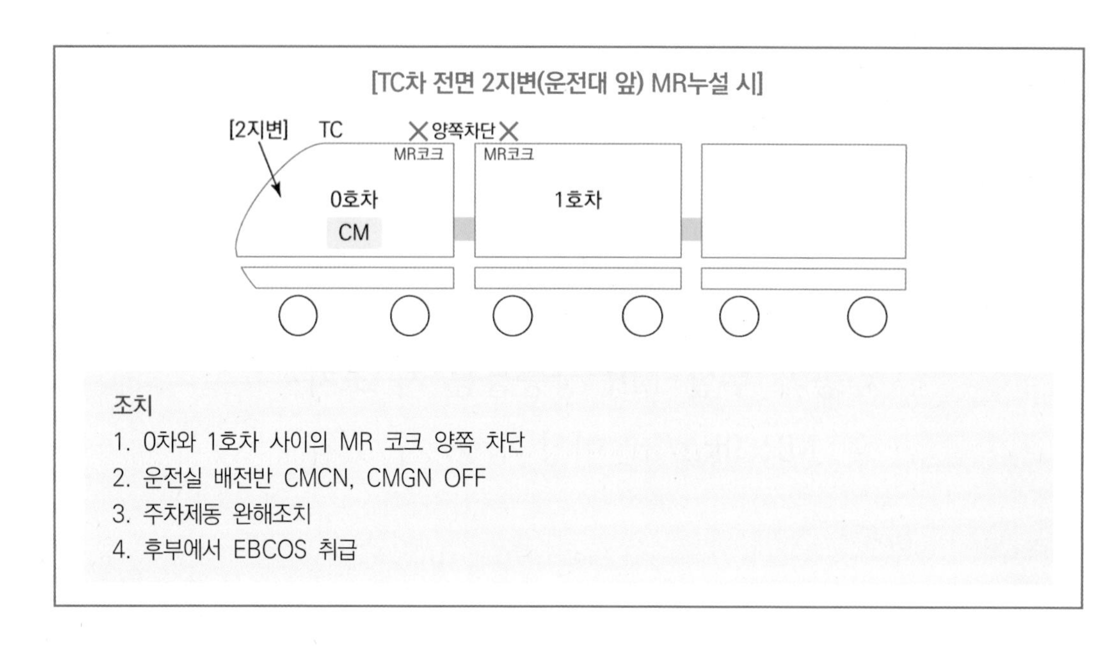

나. TC차 전면 2지변 주공기(MR) 누설 시 조치

① 전부 TC차와 차간 주공기(MR) 콕크 2개 차단(공기가 없으므로 역행불능, 비상제동)

② 주차제동 완해(TC1, TC2 스프링 작용식)

1. 주차제동스위치(PBS)주차위치(주차제동 정상화시킴)
2. 제동통 전체완해콕크(BC)차단(남아있는 공기를 뺀다: BC코크로 차단)
3. 전부제어차(TC)주차제동 완해고리(2,3위)취급(고리로 스프링을 다진다(완해위치로))
4. 제동통 전체완해콕크(BC전완해코크)복귀

 -모든 코크: 운전실 내려서 오른쪽 위치

 -주차제동(스프링 방식)의 모든 제동 방식 → 공기제동방식

 -콕크: 모든 콕크는 운전실 내려서 오른쪽에 위치하고 있다.

③ 전부운전실 배전반 내 CMCN, CMGN, OFF(공기가 빠져 나갔으므로 CM(3개))은 계속 작동 중(MR, 즉 Pipeline고장나면 CM을 죽이게 된다)

④ 전부 제어차(TC) 승객분산 및 출입문 쇄정(출입문 공기 없으면 운행 시 문이 열릴 수 있으므로)

⑤ 후부운전실에서 관제사의 승인에 의해 DIRS(출입문 비연동스위치) 취급(DIRS취급하면 운행가능한 상태)

⑥ 후부운전실 EBCOS(Emergency Brake Cut-Out Switch)취급, 추진운전하여 회송조치

[전부 제어차(TC)2지변 이후 파열에 따른 조치 후 현상]

- 해당 TC차 공기제동 한시 사용(공기 조금은 남아 있으나 불안해서 운전은 못한다)
- 해당 TC차 보안제동 한시 사용 가능
- 해당 TC차 출입문 동작 불능
- 차장변EBS(Emergency Brake Switch: 비상제동스위치)(EBCOS취급했으므로 EBS동작못한다)
- 전부 제어차(TC)주공기 압력게이지(Gauge) 현시 불능(바로 앞의 공기압력 '파이프라인'이 고장이 났으므로)

[주차제동 완해(TC1, TC2 → 스프링 작용식)]

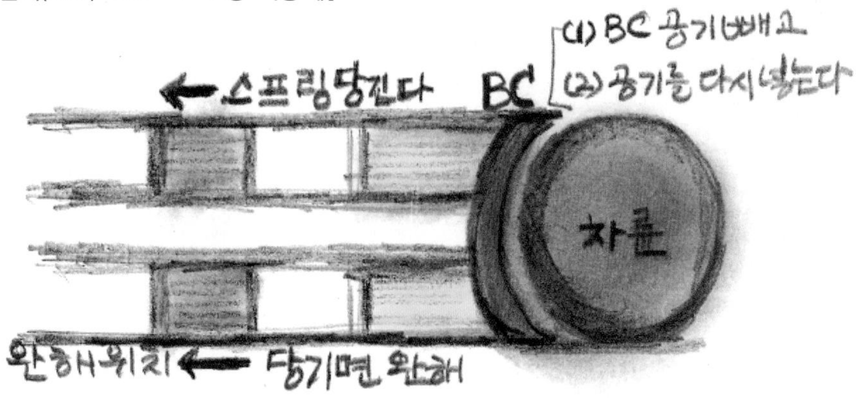

예제 다음 중 과천선 VVVF 전기동차 TC차 전면 2지변 이후 파열에 따른 조치 후 현상으로 틀린 것은?

가. 해당 TC차 공기제동 한시 사용 불능
나. 해당 TC차 보안제동 한시 사용 불능
다. 해당 TC차 공기제동 출입문 동작 불능
라. 차장변(EBS) 동작 불능

해설 해당 TC차 공기제동 한시 사용

[전부 제어차(TC)2지변 이후 파열에 따른 조치 후 현상]

① 해당 TC차 공기제동 한시 사용(공기 조금은 남아 있으나 불안해서 운전은 못한다)
② 해당 TC차 보안제동 한시 사용 가능
③ 해당 TC차 출입문 동작 불능
④ 차장변EBS(Emergency Brake Switch: 비상제동스위치)동작불능(EBCOS취급했으므로 EBS동작못한다)

⑤ 전부 제어차(TC)주공기 압력게이지(Gauge) 현시 불능

[CM(주공기압축기)]

CM(주공기압축기)는 전동차의 제동.
출입문 개폐 등의 공기를 생산하는 장치(부산교통공사)

예제 **다음 중 과천선 VVVF전기동차 TC차 전면 2지변(운전대 앞 부분) 주공기(MR) 누설 시 현상 및 조치가 아닌 것은?**

가. 비상제동 체결

나. 역행불능

다. CMCN, CMGN OFF

라. 전부 TC차와 차간 주공기(MR) 콕크 4개 차단

해설 전부 TC차와 차간 주공기(MR) 콕크 2개 차단

[TC차 전면 2지변(운전대 앞 부분) 주공기(MR) 누설 시]

1. 현상
   ① 비상제동 체결(압력이 없으므로 당연히 역행하지 못한다)
   ② 역행불능
2. 조치
   ① 전부 TC차와 차간 주공기(MR) 콕크 2개 차단
   ② 주차제동 강제완해
   ③ 승객분산 및 출입문 쇄정
   ④ CMCN, CMGN OFF
   ⑤ 후부운전실에서 관제사 승인을 받고 DIRS투입
   ⑥ EBCOS 취급 후 추진 회송 조치

예제 **다음 중 과천선 VVVF전기동차 TC차 전면 2지변(운전대 앞부분) 주공기(MR) 누설 시 현상 및 조치가 아닌 것은?**

가. 주차제동 강제완해

나. CMCN, CMGN OFF

다. 전, 후부 운전실에서 관제사 승인을 받고 DIRS투입

라. 승객분산 및 출입문 쇄정

해설 '후부운전실에서 관제사 승인을 받고 DIRS투입'이 맞다.

예제 **다음 중 과천선 VVVF전기동차 TC차 전면 2지변(운전대 앞 부분) 주공기(MR) 누설 시 현상 및 조치가 아닌 것은?**

가. 전부 TC차와 차간 주공기(MR) 콕크 2개 차단

나. 주차제동스위치(PBS) 주차위치

다. 전부운전실 배전반 내 CMCN, CMGN, OFF

라. EBCOS 취급 후 전부운전실에서 운전

해설 'EBCOS 취급 후 추진운전하여 회송 조치'가 맞다.

예제 **다음 중 과천선 VVVF전기동차 TC차 전면 2지변(운전대 앞부분) 이후 파열에 따른 조치 후 현상으로 틀린 것은?**

가. 해당 TC차 공기제동 한시 사용

나. 해당 TC차 출입문 동작 불능

다. 차장변EB동작불능

라. 전부 제어차(TC) 주공기 압력게이지(Gauge) 현시 가능

해설 '전부 제어차(TC) 주공기 압력게이지(Gauge) 현시 불능'이 맞다.

[전부 제어차(TC)2지변 이후 파열에 따른 조치 후 현상]

- 해당 TC차 공기제동 한시 사용(공기 조금은 남아 있으나 불안해서 운전은 못한다)
- 해당 TC차 보안제동 한시 사용 가능
- 해당 TC차 출입문 동작 불능
- 차장변EB동작불능(EBCOS취급했으므로 EBS동작못한다)
- 전부 제어차(TC)주공기 압력게이지(Gauge) 현시 불능

2. TC차 이외 차량 내 공기 누설

조치 33 TC차 이외 차량 내 공기 누설

※ TC차 이외의 차량으로 공기가 빠져나간다.

4호선

0 1 2 3 4 5 6 7 8 9

SIV M M T1 M SIV T1 M M SIV

○ 10량 편성은 5M 5T로 구성됨

○ Pantograph, MCB, MT, C/I, TM : 1호차, 2호차, 4호차, 7호차, 8호차

○ SIV, CM, Battery : 0호차, 5호차, 9호차

과천선

○ 10량 편성: 5M 5T

○ Pan, MCB, MT, C/I, TM: 2호차, 4호차, 8호차

○ MT, C/I, TM: 1호차, 7호차

○ SIV, CM, Battery: 0호차, 5호차, 9호차

가. TC차 이외 차량 내 공기 누설 시 현상

MR 압력 저하(6.0kg/㎠이하 시 역행불능)(MRPS 동작 → 역행불능)

나. TC차 이외 차량 내 공기 누설 조치

① 해당 차량 전후 MR콕크 취급(4개)(양쪽 차(앞차, 뒤차))

② 해당 차량 출입문 쇄정 후 필요 시 DIRS취급(DS접점 80개가 모두 붙을 수도 있다)(공기가 없으므로 DIRS취급해야 한다)

③ CM 1개 있는 곳 CMCN OFF 취급

④ 관제사 지시 받을 것(관제사 승인 시기 교체할 수 있는 역까지 운전)

※ M차일 경우: 교류구간은 C/I정상, 직류구간은 L1, L2, L3투입불능으로 역행 및 회생불능
※ M′ 차일 경우 Pan상승 불능으므로 반드시 완전부동 취급 후 연장급전을 할 것
ACM에 의해 적은 량의 공기가 MCB에 투입되는 것에 비해 L1은 많은 양의 공기가 필요하다(직류구간은 공기가 없으면 안 된다).

예제 **다음 중 과천선 VVVF전기동차 TC차 이외의 공기(MR) 누설 시 현상 및 조치가 아닌 것은?**

가. 관제사 승인 시 기교체 역까지 운전
나. CM 2개 있는 곳 CMCN OFF 취급
다. 해당 차량 출입문 쇄정 후 필요 시 DIRS취급
라. 해당 차량 전후 MR콕크 취급

해설 'CM 1개 있는 곳 CMCN OFF 취급'이 맞다.

[TC차 이외의 공기(MR) 누설 시 현상 및 조치]

- 해당 차량 전후 MR콕크 취급(4개)
- 해당 차량 출입문 쇄정 후 필요 시 DIRS취급
- CM 1개 있는 곳 CMCN OFF 취급
- 관제사 지시 받을 것

3. MR 상승 불능 시 조치

조치 34 주공기압력(MR) 상승 불능 시 조치

※ 주로 PBPS(주차제동)으러 역행불능이 된다.

가. 주공기압력(MR) 상승 불능 시 현상

① 역행불능(PBPS동작)
② 비상제동 완해 불능
③ 계속 압력 저하 시 MCB 차단 및 Pan하강

나. 주공기압력(MR) 상승 불능 시 조치

① 공기누설 여부 확인
② 모니터로 공기압축기(CM) 구동 여부 확인
③ CMCN, CMGN확인(CMSB 내의 CMN확인)(CM을 완전히 내리려면 CMCN과 CMGN을 동시에 내려야 한다)
④ Pan하강, 제동제어기(BC)핸들 취거, 10초 후 재기동할 것
⑤ 복구불능 시 구원요구

[CM(주공기압축기부), CMG(조압기부)]

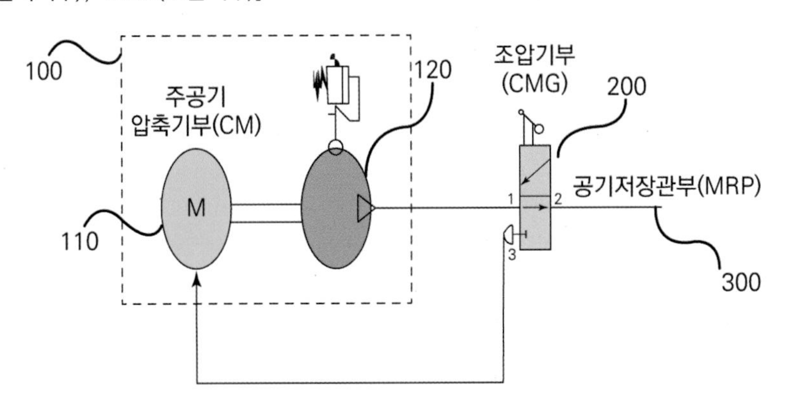

예제 다음 중 과천선VVVF전기동차 주공기압력(MR) 상승 불능 시 조치로 틀린 것은?

가. 복구불능 시 구원요구
나. 모니터로 공기압축기(CM) 구동 여부 확인
다. CMCN, CMKN확인
라. Pan하강, 제동제어기(BC)핸들 취거, 10초 후 재기동

해설 'CMCN, CMGN확인'이 맞다.

[조치]
① 공기누설 여부 확인
② 모니터로 공기압축기(CM) 구동 여부 확인
③ CMCN, CMGN확인(CMSB 내의 CMN확인)
④ Pan하강, 제동제어기(BC)핸들 취거, 10초 후 재기동할 것
⑤ 복구불능 시 구원요구

예제 다음 중 과천선VVVF전기동차 TC차 이외의 차량 내 공기누설 시 조치로 취급하여야 하는 MR 콕크 수로 맞는 것은?

가. 1개
나. 2개
다. 3개
라. 4개

해설 TC차 이외의 차량 내 공기누설 시 조치로 취급하여야 하는 해당 차량 전후MR 콕크 수는 4개이다.

4. MR 9kg/㎠ 이상 상승 시 조치

조치 35 주공기압력(MR) 9kg/㎠ 이상 상승 시 조치

※ MR정상압력: 8kg/㎠ – 9kg/㎠

※ 압력이 과하면 파이프라인에 지나친 압력을 가하게 된다.

가. 주공기압력(MR) 9kg/㎠ 이상 상승 시 동작 원인

공기압축기 조압기(CMG) 불량 및 공기압축기 차체 고장 시

나. 주공기압력(MR) 9kg/㎠ 이상 상승 시 현상

공기압축기 계속 구동 MR압력 9kg/㎠까지 상승되며 안전변 분출

1개 이상 CM계속 구동

※ 안전변 분출 시 소리가 난다(의자 밑에 안전변이 위치하고 있다)

다. 주공기압력(MR) 9kg/㎠ 이상 상승 시 조치

① 모니터로 공기압축기(CM)구동상태 확인

② 순차적으로 CMGN을 차단 공기압축기 구동이 멈추면 해당차 CMGN OFF하고 전도 정상운전

③ 그래도 안돼! 공기압축기 고장으로 계속 구동되는 차량이 있을 시 배전반의 CMCN, CMGN을 OFF(CM완전히 죽인다)하여 공기압축기를 정지

[안전변]

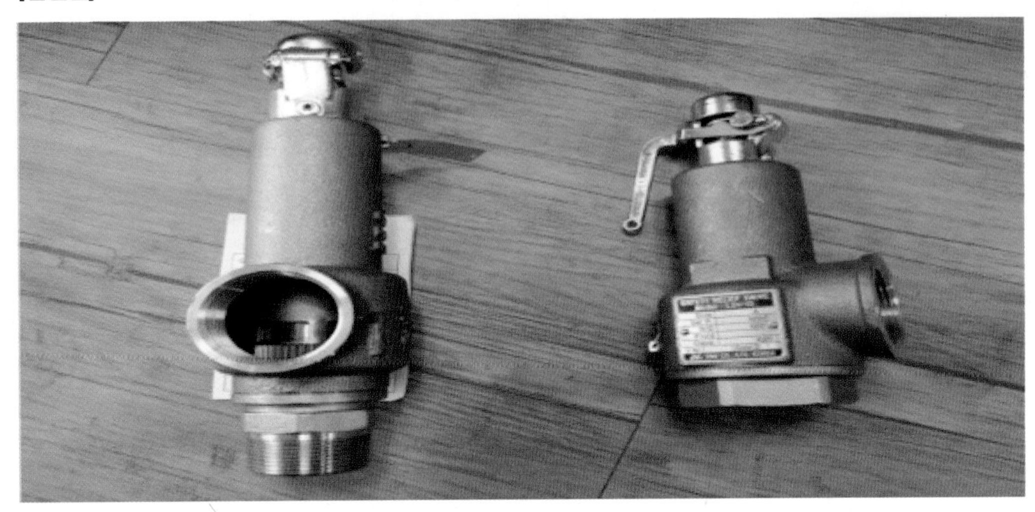

예제 다음 중 과천선VVVF 전기동차 주공기압력(MR) 9kg/㎠ 이상 상승 시 원인 및 현상이 아닌 것은?

가. 공기압축기 구동 정지

나. MR압력 9.7kg/㎠까지 상승되며 안전변 분출

다. 1개 이상 CM 계속 구동

라. CM-G불량 공기압축기 자체 불량 시

해설 '공기압축기 계속 구동'이 맞다.

[주공기압력(MR) 9kg/㎠ 이상 상승 시 원인 및 현상 및 원인]

1. 원인
   ① CM-G불량
   ② 공기압축기 자체 불량 시
2. 현상
   ① 공기압축기 계속 구동
   ② MR압력 9.7kg/㎠까지 상승되며 안전변 분출
   ③ 1개 이상 CM 계속 구동

예제 **다음 중 과천선VVVF 전기동차 고장 시 조치에 대한 설명으로 잘못된 것은?**

가. MR압력 6kg/㎠ 이하 시 역행불능

나. EPanDS복귀불능 시 PanDN OFF 후 후부운전실에서 추진운전

다. 직류구간운전 중 1,600A 이상의 과전류 발생 시 L1트립

라. 1량 출입문이 닫히지 않을 때 출입문 4개소의 전체 콕크 확인

해설 1량 출입문이 닫히지 않을 때 출입문 3개소의 전체 콕크 확인

제12장

비상팬터하강스위치(EpanDS) 및 비상접지스위치(EGCS) 취급 후 복귀 불능 시 조치·축전지 전압강하 시 조치

비상팬터하강스위치(EpanDS) 및 비상접지스위치(EGCS) 취급 후 복귀 불능 시 조치·축전지 전압강하 시 조치

1. EpanDS 및 EGCS 취급 후 복귀 불능 시

조치 36 비상팬터하강스위치(EpanDS) 및 비상접지스위치(EGCS) 취급 후 복귀 불능 시

※ EPanDS, EGCS → 전, 후부에서 사용가능. 급하면 어디서든 사용하면 된다.

가. EpanDS복귀불능 시

전부 TC차 운전실 배전반 내 PanDN OFF(EpanDS로 전원이 가지 않으므로) 후 후부운전실에서 추진운전

예제 과천선 VVVF전기동차 전부운전실 EPanDS 취급 후 복귀불능 시 조치 사항은?

정답 전부 TC차 운전실 배전반 내 PanDN OFF 후 후부운전실에서 추진운전

나. 비상접지스위치(EGCS) 복귀불능 시

전부 TC차 운전실 배전반 내 PanDN OFF 후 전부운전실에서 정상운전(정상하강 시 → BatKN에서 전원이 온다 → PanDS)

예제 **과천선 VVVF전기동차 전부운전실 EGCS 취급 후 복귀불능 시 조치 사항은?**

정답 전부 TC차 운전실 배전반 내 PanDN OFF 후 전부운전실에서 정상운전

예제 **과천선 VVVF전기동차 EGS 동작 시 현상 및 조치사항으로 틀린 것은?**

가. 용착 시 해당 M'차 완전부동 연장급전
나. SIV등 소등
다. MCB ON등 점등
라. EGS동작 시 Pan상승 불능

해설 'MCB OFF등 점등'이 맞다.

예제 **과천선 VVVF전기동차 EGS 동작 시 현상으로 틀린 것은?**

가. EGS동작 시 Pan상승 불능
나. MCB OFF등 소등
다. SIV등 소등
라. 전원표시등(ACV등) 소등

해설 'MCB OFF등 점등'이 맞다.

2. 축전지 전압강하 시 조치

조치 37 축전지 전압강하 시 조치

제어차(TC)및 부수차(T1) 배전반 내 BCN 확인
※ 축전지 전압: BatKN1에서 온다.

[축전지 전압(BatKN1에서 온다)]

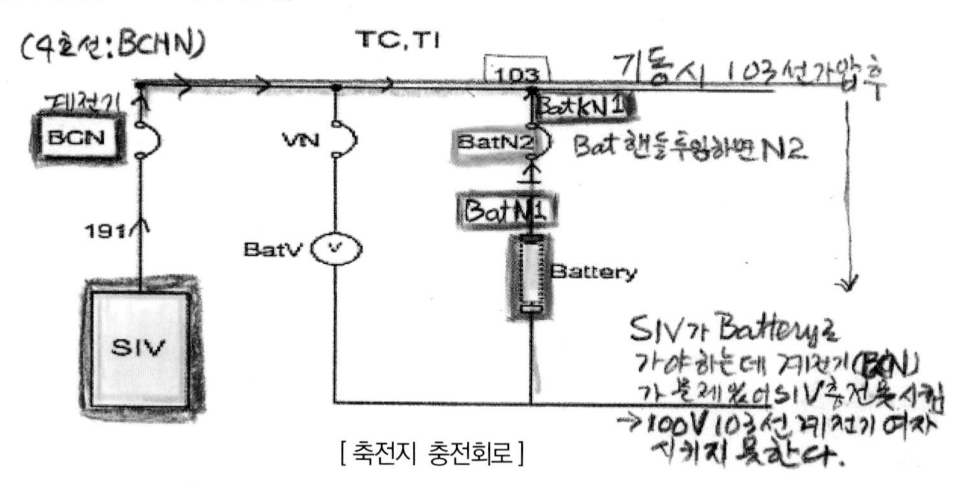

[축전지 충전회로]

제13장

전체 객실등(AC·DC) 소등 시 조치·전체 객실 냉난방 불능 시 조치·전자 기적이 계속 울릴 경우 조치·모니터 고장 시 조치·객실 비상통화장치 동작 시 조치

제13장

전체 객실등(AC · DC) 소등 시 조치 · 전체 객실 냉난방 불능 시 조치 · 전자 기적이 계속 울릴 경우 조치 · 모니터 고장 시 조치 · 객실 비상통화장치 동작 시 조치

1. 전체 객실등(AC · DC) 소등 시 조치

조치 38 전체 객실등(AC · DC) 소등 시 조치

※ 전체 객실등(AC, DC) 소등 시 조치

※ LPCS(Lamp Control Switch: 램프제어스위치)

※ SCN(NFB "Service Control: 객실부하회로차단기"): "SCN: 차장이 한다"

[열차 객실등]

1,2호선 전동차 객실등 LED 램프로 전면 교체 (대구도시철도)

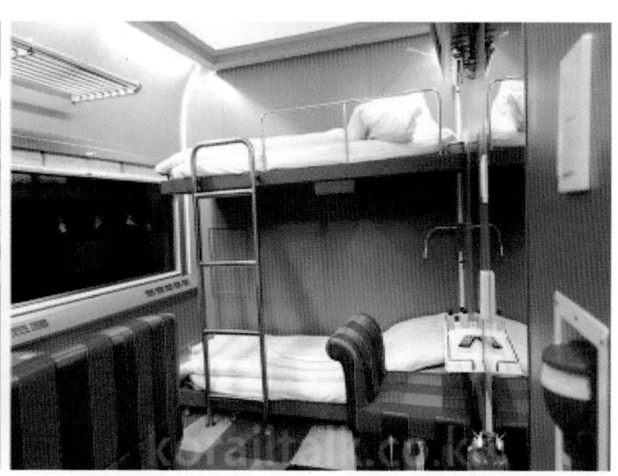

침대열차 해랑(Rail Cruise, 레일크루즈)의 객실과 내부시설

가. 즉시 전부 운전실 객실등스위치(LPCS) On취급

나. 최근역 도착 후 후부 제어차(TC)배전반 내 SCN확인

[1량 객실등 소등 시]
해당 차 배전반 내 LPKN(전체), RALpN(AC등), RDLpN(DC등)확인

※ LPKN: 객실등접촉기회로차단기

※ RALpN: 객실AC등 회로차단기

※ RDLpN: 객실DC등 회로차단기

예제 다음 중 과천선VVVF 전기동차 일부 차량 객실등 소등 시 확인하여야 하는 회로차단기가 아닌 것은?

가. ATN　　　나. RALpN

다. LPKN　　　**라. SCN**

해설 SCN(NFB for "Service Control": 객실부하제어회로차단기)은 전체 객실등 소등 시 확인

- ATN(NFB for Aux. Transformer: 보조변압기 회로차단기)
- RALpN(NFB for "RDLp": 객실 DC등 회로차단기)
- LPKN(NFB for "LpK(Lamp Contactor)": 객실등 접촉기회로차단기)
- SCN(NFB for "Service Control": 객실부하제어회로차단기)

예제 과천선VVVF 전기동차 전체 객실등 소등 시 최근역 도착 후 후부 제어차 배전반 내 SCN확인한다.

정답 (O)

예제 과천선VVVF 전기동차 전체 객실등 소등 시 ATN ON취급한다.

정답 (X) 전체 객실등 소등 시 LpCS ON취급한다.

예제 과천선VVVF 전기동차 일부 객실등 소등 시 해당 차 배전반 내 LPKN(전체), RALpN(AC등), RDLpN(DC등) 취급한다.

정답 (O)

예제 과천선VVVF 전기동차 비상버저 복귀 불능 시 EBzN ON취급한다.

정답 (X) 비상버저 복귀 불능 시 EBzN OFF취급한다.

[열차 객실등]

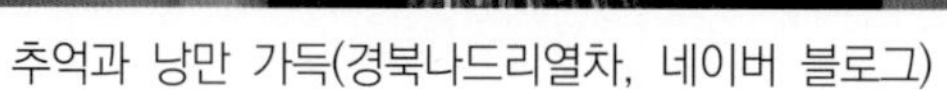

추억과 낭만 가득(경북나드리열차, 네이버 블로그)　　STR 개통식(SBS 뉴스 2016.12.08.)

2. 전체 객실 냉난방 불능 시 조치

조치 39 전체 객실 냉난방 불능 시 조치

[열차 냉방장치]

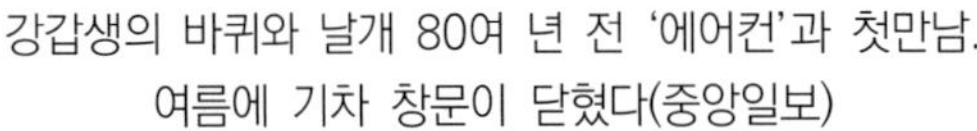

강갑생의 바퀴와 날개 80여 년 전 '에어컨'과 첫만남. 여름에 기차 창문이 닫혔다(중앙일보)

부산도시철도 전동차, 에어컨정비로 여름맞이 준비끝(레일뉴스)

가. **후부운전실 배전반의 SCN 확인**(스위치 밑에 있는 차단기)(SCN: 차장이 한다)

나. 전체 송풍기 구동 불능 시 → 후부 TC차 RLFFCN 확인

예제 **다음 중 과천선VVVF 전기동차 고장 시 조치의 설명으로 맞는 것은?**

가. 전체 객실 냉난방 불능 시 조치후부운전실 배전반의 SCN 확인

나. 축전지 전압 강하 시 TC, T1차 BCN확인

다. 비상통화장치 복귀불능 시 해당차 배전반 내 EBzN ON

라. DC 100A 설치차량 축전기 전압 강하로 103선 연결 시 Pan하강, BC핸들 취거하지 않고 103선 연결

해설 비상통화장치 복귀불능 시 해당차 배전반 내 EBzN OFF

3. 전자 기적이 계속 울릴 경우 조치

조치 40 전자 기적이 계속 울릴 경우 조치

가. 운전실 배전반 내 EAN OFF, ON(NFB OFF, ON)

※ EAN(NFB for 'Electronic Alarm': 전자알람회로차단기)

나. 운전실 좌측 상부함을 열고 전자기 적용 토글스위치를 OFF, ON

[전동차용 토글 스위치]

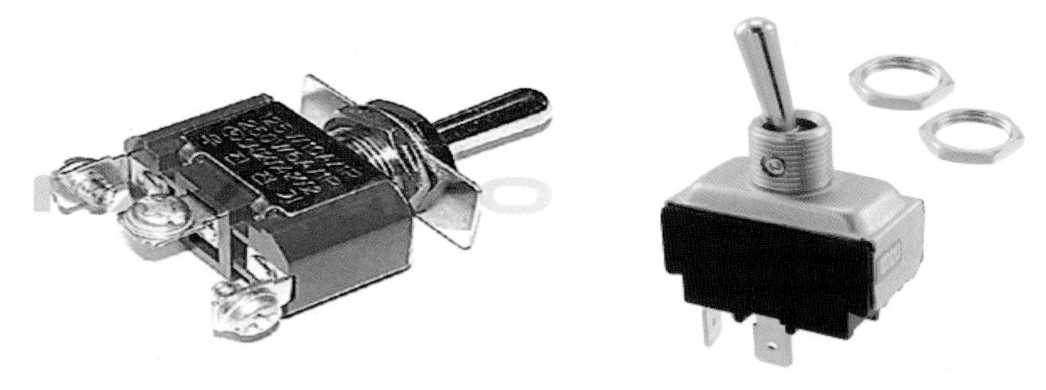

4. 모니터 고장 시 조치

조치 41 모니터 고장 시 조치(모니터 자체가 안 들어 올 때)

운전실 배전반 내 MON, MOAN확인(ON, OFF 해본다)

[모니터 화면]

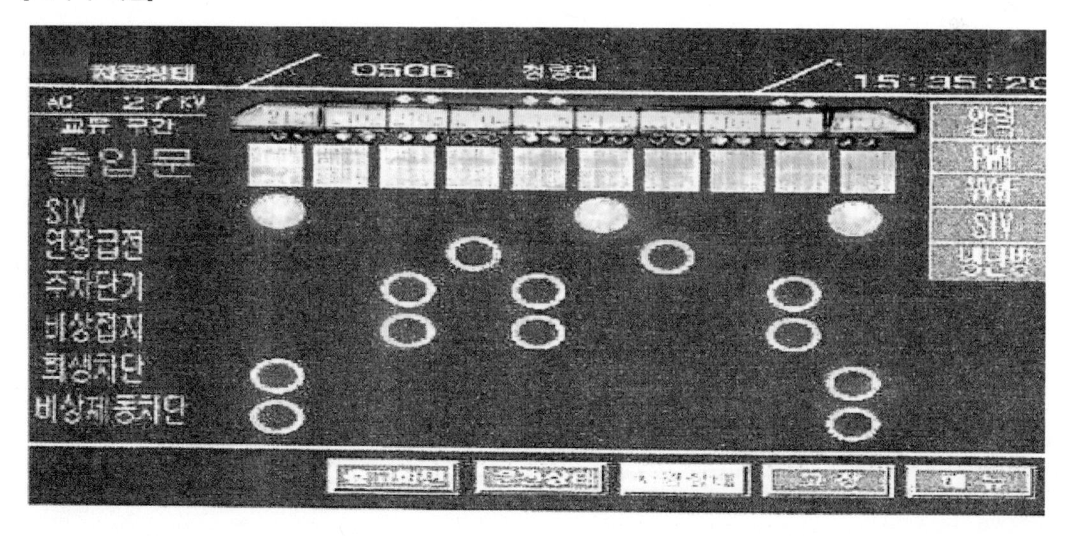

5. 객실 비상통화장치 동작 시 조치

조치 42 객실 비상통화장치 동작 시 조치

[방송용 2가지]

(1) BVN1, BVN2 떨어졌을 때 "안전운전합시다"

(2) "객실 비상입니다"

가. 객실 비상통화장치 동작 시 현상

① 모니터 운전상태 화면에서 고장화면으로 전환되면서 "비상부저동작" 현시

② 전, 후 운전실에 "객실 비상입니다" 방송을 동작

③ 전, 후 운전실 비상부저 동작

④ 해당차 등황색 차측등 점등

 – 적색: 출입문 열고 닫힘

 – 등황색: 객실 비상경보

나. 객실 비상통화장치 동작 시 조치

① 정거장 구내 즉시 정차(사상사고 및 화재 등 발생: 정거장 구내 → 역장책임 → 즉시정차)

② 지상구간은 교량이나 고가교를 피해 정차 지하구간은 최근역까지 운전

③ 모니터 및 차측등으로 동작차량 확인 – 비상통화장치 동작 시 기관사 및 차장은 객실 내 승객과 통화 원인파악

④ 관제사에게 보고

⑤ 차장과 협의하여 원인제거

⑥ 비상통화장치 원위치로 복귀

※ 비상통화장치 복귀불능 시 조치 – (비상음이 계속 나올 때. 즉, "객실비상입니다" 반복됨) – 해당 차 배전반 내 EBzN OFF

※ EBzN(NFB "Emergency Buzzer": 비상부저회로차단기)

예제 **다음 중 과천선VVVF 전기동차 객실 비상통화장치 동작 시 조치 사항이 아닌 것은?**

가. 정거장 구내 즉시 정차 모니터 및 차측등으로 동작 차량 확인

나. 지상 구간은 교량이나 고가교를 피해 정차, 지하 구간은 최근역까지 운전
다. 모니터 및 차측등으로 동작차량 확인
라. 지하구간은 즉시 정차

해설 '지하구간은 즉시 정차'는 비상통화장치 동작 시 조치사항이 아니다. 지하구간은 최근역까지 운전한다.

[객실 비상통화장치 동작 시 조치]

- 정거장 구내 즉시 정차
- 지상구간은 교량이나 고가교를 피해 정차 지하구간은 최근역까지 운전
- 모니터 및 차측등으로 동작차량 확인
- 관제사에게 보고
- 차장과 협의하여 원인제거
- 비상통화장치 원위치로 복귀

예제 다음 중 과천선VVVF 전기동차 객실 비상통화장치 복귀 불능 시 조치로 맞는 것은?

가. BzSN OFF
나. EBzN OFF
다. EOD OFF
라. EPN OFF

해설 객실 비상통화장치 복귀 불능 시 BzSN OFF시킨다.

- BzSN(NFB for Buzzer Switch: 부저스위치회로차단기)
- EBzN(NFB for Emergency Buzzer: 비상부저회로차단기)
- EOD(Electronic Operating Device: 전기제동작용장치)

예제 과천선VVVF 전기동차 객실 비상통화장치 복귀 불능 시 조치는?

정답 'BzSN(NFB for Buzzer Switch: 부저스위치회로차단기) OFF하기'이다.

제14장

구원운전법(과천선 VVVF ← 과천선 VVVF)
· 구원운전법(과천선 VVVF ← 4호선 VVVF)

구원운전법(과천선 VVVF ← 과천선 VVVF) · 구원운전법(과천선 VVVF ← 4호선 VVVF)

1. 구원운전법(과천선 VVVF ← 과천선 VVVF)

조치 43 구원운전법(과천선 VVVF ← 과천선 VVVF)

[원인 파악이 중요]

- 비상제동으로 못 가나?
- 역행불능으로 못 가나?

[구원연결 전 확인 사항]

- 고장차 자체 비상제동 해방 여부
- 고장차 축전지 전압(74V)확인

[고장열차 과천선VVVF + 구원열차 과천선VVVF]

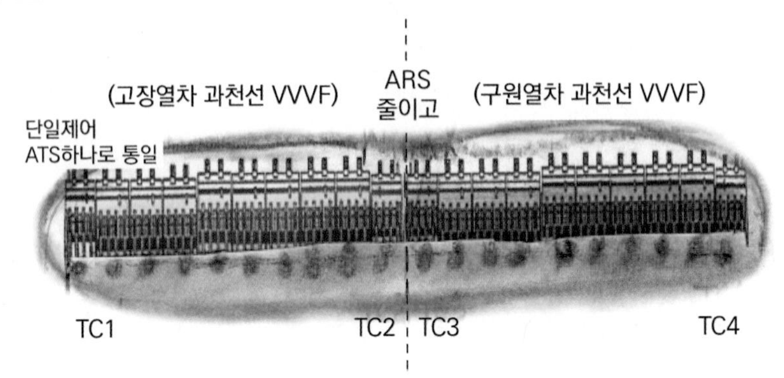

1개의 열차시스템: 2개 열차(2열차×200m=400m) → 하나의 열차시스템으로 만든다.

가. 고장열차(과천선 VVVF 제어 전기동차)

※ 12JP선: 접지, 상용, 보안, 출입문닫힘, 회생, 연락용부저, 인터폰 등

① 마스콘(MC) 키 및 제동제어기(BC: Brake Pressure)핸들 취거 후 후부운전실 이동

② 후부운전실 구원운전스위치(RSOS) 과천선(분당선)위치로 절환

③ 후부 운전실 배전반 내 DILPN OFF

④ 밀착 연결기 공기마개 제거(MR, BP, SAP)(3개의 공기마개 제거)(실제 MR만 사용 BP, SAP(Straight Air Pipe)은 사용 안 함)

⑤ 12JP(12개 점퍼선)준비, 필요 시 103번 인통선 준비(12JP함내 비치)(Bat전압 74V 이하 시 103선 연결한다)

⑥ 전부운전실 ATSCOS취급(ATS차단)(Cut-Out시키지 않으면 앞에 차가 있다고 인식하게 된다)

[과천선VVVF 차량 12JP선, 밀착연결기]

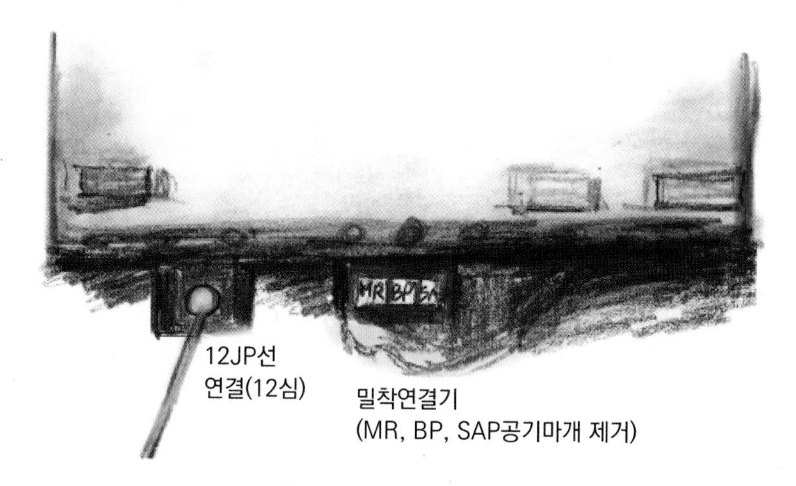

나. 구원열차(과천선 VVVF 제어 전기동차)

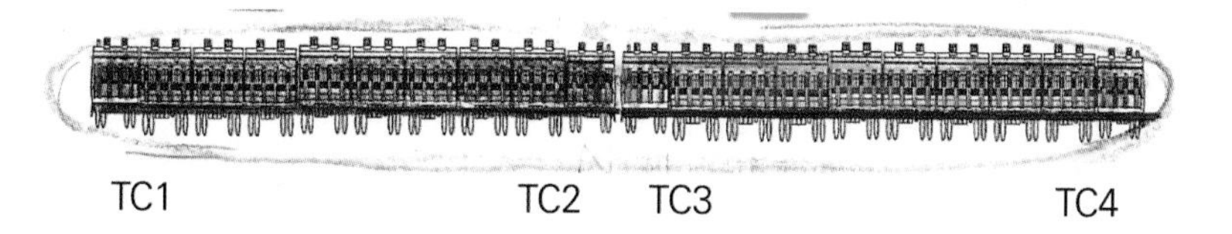

① 고장열차 3m 전방에 정차
② 밀착연결기 공기마개 제거(MR, BP, SAP)
③ 단속단 후진으로 고장열차와 연결
④ 연결상태 확인
⑤ 마스콘(MC) 키 및 제동제어기(BC) 핸들 취거
⑥ 구원운전스위치(RSOS) 과천선(분당선)위치로 절환
⑦ ATSCOS, ATCCOS 차단

예제 **다음 중 과천선VVVF 전기동차가 구원열차일 때의 조치가 아닌 것은?**

가. 단속단으로 고장열차와 연결하고 단속단 전진으로 연결상태 확인
나. 고장열차 3m 전방에 정차
다. 마스콘(MC) 키 및 제동제어기(BC) 핸들 취거

라. 구원운전스위치(RSOS) 해당 위치로 절환 및 ATSCOS, ATCCOS 차단

해설 '단속단으로 고장열차와 연결하고 단속단 후진으로 연결상태 확인'이 맞다.

[과천선VVVF 전기동차가 구원 열차일 때의 조치]

① 고장열차 3m 전방에 정차
② 밀착연결기 공기마개 제거(MR, BP, SAP)
③ 단속단으로 후진으로 고장열차와 연결
④ 연결상태 확인
⑤ 마스콘(MC) 키 및 제동제어기(BC) 핸들 취거
⑥ 구원운전스위치(RSOS) 과천선(분당선)위치로 절환
⑦ ATSCOS, ATCCOS 차단

예제 **다음 중 과천선VVVF 전기동차가 구원열차일 때의 조치가 아닌 것은?**

가. 밀착연결기 공기마개 제거 후 연결, 단속단 후진으로 고장열차와 연결
나. 마스콘(MC) 키 및 전후진제어기 핸들 취거
다. 구원운전스위치(RSOS) 과천선 위치로 절환
라. ATSCOS, ATCCOS 차단

해설 '마스콘(MC) 키 및 제동제어기(BC) 핸들 취거'가 맞다.

예제 **다음 중 과천선VVVF 전기동차의 고장으로 4호선 VVVF 전기동차로 구원 시 구원열차 기관사가 해야 할 일로 틀린 것은?**

가. 고장열차 3m 전방에 정차
나. ATSCOS, ATCCOS 차단
다. 밀착연결기 공기마개 제거(MR, BP, SAP)
라. 구원운전모드선택스위치(RMS): 2위치

해설 '구원운전모드선택스위치(RMS): 1위치'가 맞다.

다. 공통사항

① 12JP연결(구원열차에 연결)
② 양 열차 주공기관(MR) 1지변(바깥 쪽으로 나가는 공간, 2지변 바로 옆) 콕크 개방

③ 제동 제어기 핸들 삽입 후 7단 유지(비상제동 해방시키기 위한 2차의 BER여자 즉, 2차 전체의 안전루프를 만들어 주기 위한 조치)
④ 부저 동작 상태 확인 및 제동시험(12JP에 포함되어 있다)
⑤ 관제사에게 보고 후 전도운전 전도운전: 시속 25km/h
※ 축전기 전압 강하 시 103선 연결

[축전지 전압저하로 103선 연결 시의 조치]

전기, 전류가 통하면 안 된다.

-양쪽 전기동차 Pan하강, BC핸들 취거 후 취입, 취출

-DC con 100A NFB설치 차량: Pan하강, BC핸들 취거하지 않고 NFB OFF연결

[구원운전스위치(RSOS)위치(5개 위치: 과천선 및 분당선은 2번 위치)]

1. 1번: 정상
2. 2번: 과천선(분당선)
3. 3번: 과천선(분당선) → 1호선
4. 4번: 1호선(저항제어차) → 과천선(분당선)
5. 5번: 디젤 위치

예제 다음 중 과천선VVVF 전기동차 RSOS 위치가 아닌 것은?

가. 2번: 과천선(분당선) → 1호선
나. 4번: 1호선(저항제어차) → 과천선(분당선)
다. 5번: 디젤 위치
라. 1번: “0”

해설 1번: “0”이 아니라 1번: 정상이 맞다.

[구원운전스위치(RSOS)위치]

1. 정상
2. 과천선(분당선)
3. 과천선(분당선) → 1호선
4. 1호선(저항제어차) → 과천선(분당선)
5. 디젤 위치

[12JP선의 종류(시험에 2회에 한 번은 출제!!)]

12JP선의 종류(12심)

- 10선: 회생제동작용선(11선: 동력운전선)
- ② - 31,32선: EB1, EB2 비상제동 LOOP선
- ③ - 33선: 보안제동선
- 100선: 접지선(LGS 접지)
- 164선: 승무원 연락용 부저
- ① - 27선,28,29선: SB1, SB2, SB3 상용제동선 (SB: Service Brake)
- 145선: 출입문등 점등선
- 175,176선: 차내방송선

※ 외우기 순서 ①~③ 6개 먼저 외우기

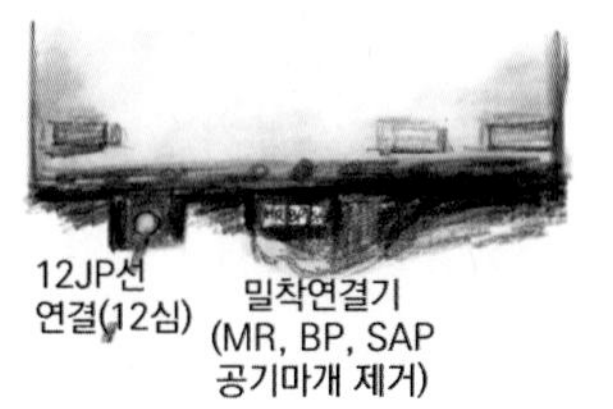

예제 다음 중 과천선VVVF 전기동차 12JP선 종류로 맞는 것은?

가. 175, 176선: 접지선
나. 164선: 출입문등 점등선
다. 145선: 출입문등 점등선
라. 10선 보안제동선

해설 '145선: 출입문등 점등선'이 맞다.

[12JP선 종류](12심)

- 10선: 회생제동작용선
- 31, 32선: EB1, EB2비상제동서 LOOP선
- 33선: 보안제동선
- 100선: 접지선(LGS접지)
- 164선: 승무원 연락용 부저
- 27,28, 29선: SB1, SB2, SB3 상용제동선
- 145선: 출입문등 점등선
- 175, 176선: 차내방송선

예제 다음 중 과천선VVVF 전기동차 12JP선 종류로 틀리는 것은?

가. 164선: 출입문 점등선
나. 175, 176선: 차내방송선
다. 31, 32선: EB1, EB2비상제동서 LOOP선
라. 100선: 접지선

해설 '164선: 승무원 연락용 부저'가 맞다.

[구원운전법(과천선 VVVF ↔ 과천선 VVVF구원 시 조치)]

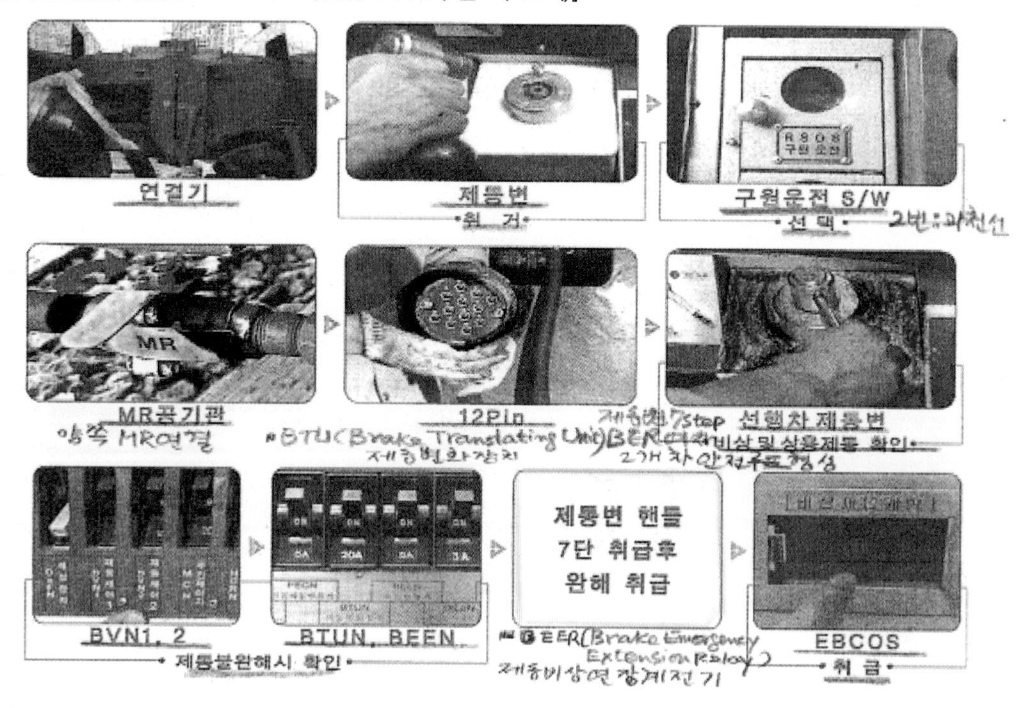

[구원운전회로(과천선 VVVF ↔ 과천선 VVVF 구원운전회로)]

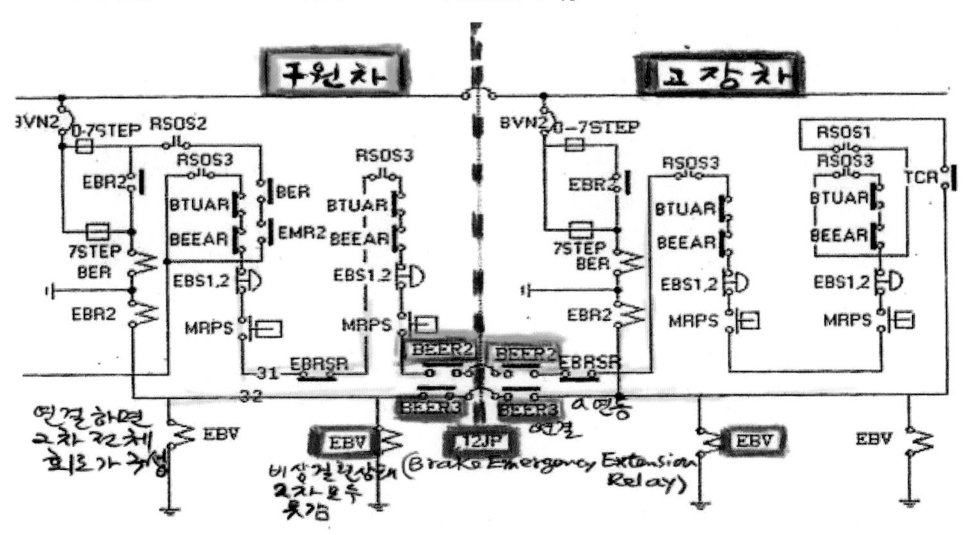

예제 다음 중 과천선VVVF 전기동차 12JP선의 작용에 대하여 잘못 연결된 것은?

가. 10선 - 회생제동작용선
나. 145선 - 출입문등 점등선
다. 100선 - 승무원 연락용 부저
라. 33선 - 보안제동선

해설 '100선 - 접지선'이 맞다.

[밀착연결기]

밀착식 연결기

광주지하철 1호선 전동차 밀착연결기

예제 다음 중 과천선VVVF 전기동차 12JP선의 종류 중 회생제동작용선으로 맞는 것은?

가. 10선
나. 164선
다. 145선
라. 175선

해설 12JP선의 종류 중 회생제동작용선은 10선이다.

예제 **다음 중 과천선VVVF 전기동차 구원운전법(과천선 VVVF ← 과천선 VVVF)의 설명으로 틀린 것은?**

가. 고장열차(과천선 VVVF전기동차) 마스콘(MC) 키 및 제동제어기(BC)핸들 취거 후 전부운전실 이동

나. 고장열차(과천선 VVVF전기동차) 후부 운전실 배전반 내 DILPN OFF

다. 구원열차(과천선 VVVF전기동차) 마스콘(MC) 키 및 제동제어기(BC) 핸들 취거

라. 구원열차(과천선 VVVF전기동차) 구원운전스위치(RSOS) 과천선(분당선)위치로 절환

해설 고장열차(과천선 VVVF전기동차) 마스콘(MC) 키 및 제동제어기(BC)핸들 취거 후 후부운전실 이동

예제 **다음 중 과천선VVVF 전기동차 구원운전 시 구원열차에서 조치해야 할 사항으로 틀린 것은?**

가. 밀착연결기 공기마개 제거(MR, BP, SAP)

나. 구원운전스위치(RSOS) 과천선(분당선)위치로 절환

다. ATSCOS, ATCCOS 차단

라. 구원열차 후부운전실 배전반 내 DILPN OFF

해설 '고장열차 후부운전실 배전반 내 DILPN OFF'가 맞다.

[과천선VVVF 전기동차가 구원 열차일 때의 조치]

- 고장열차 3m 전방에 정차
- 밀착연결기 공기마개 제거(MR, BP, SAP)
- 단속단으로 후진으로 고장열차와 연결
- 연결상태 확인
- 마스콘(MC) 키 및 제동제어기(BC) 핸들 취거
- 구원운전스위치(RSOS) 과천선(분당선)위치로 절환
- ATSCOS, ATCCOS 차단

2. 구원운전법(과천선 VVVF ← 4호선 VVVF)

조치 44 구원운전법(과천선 VVVF ← 4호선 VVVF)

※ 차이점: (과천선 VVVF ← 4호선 VVVF)에서는 앞의 (과천선VVVF ↔ 과천선VVVF)에서 처럼 후부 운전실 배전반 내 DILPN OFF시키지 않았다.

[구원운전법(과천선 VVVF ↔ 4호선 VVVF)]

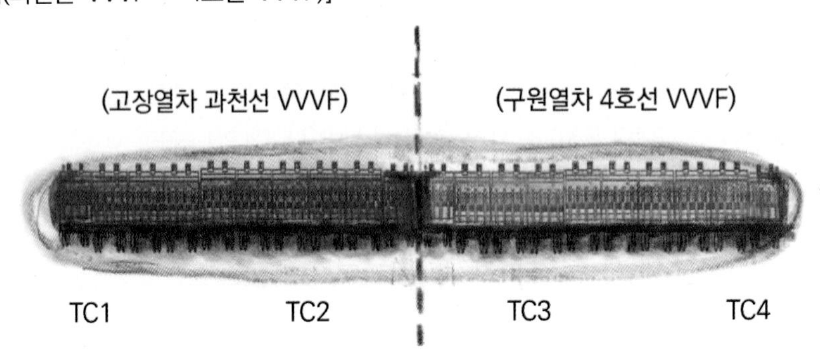

가. 고장열차 (과천선VVVF)

① 마스콘(MC) 키 및 제동제어기(BC)핸들 취거
② 후부운전실에서 구원운전스위치(RSOS)를 과천선(분당선)위치로 절환
③ 연결기 마개제거(MR, BP, SAP)
④ 12JP 준비
⑤ 필요 시 103번 인통선 준비(0호대 12JP함 내 배치)
⑥ 전부운전실 ATSCOS취급(ATS차단)

나. 구원열차 (4호선VVVF)

① 3m앞 일단정차
② 밀착연결기 마개제거(MR, BP, SAP)
③ 구원열차와 연결, 연결상태 확인
④ 제동제어기핸들(BC)취거
⑤ 비상스위치(ES): VVVF & 초퍼위치
⑥ 구원모드선택스위치(RMS): 1위치
⑦ ATCCOS, ATSCOS 차단취급

[과천선과 4호선 구원열차 차이점]

–과천선 구원열차: RSOS스위치
–4호선 구원열차: ES(비상)스위치, RMS(구원모드선택)스위치 취급

다. 공통사항

① 12JP 연결

② 주공기관(MR)관통

③ 제동제어기(BC)삽입 후 7단 유지

④ 부저동작 상태확인

⑤ 제동시험 후 관제사에게 보고 전도운전

[구원연결 완료 후 비상제동 완해불능 시 조치]

－비상제동 관련 회로차단기 확인(OFF → ON)

－전부차 운전실 EBCOS 개방 취급

[ES및 RMS]

1. 비상스위치(ES)
    - KNR & 디젤위치(K)
    - 정상위치(N)
    - VVVF & 쵸퍼위치(S)

2. 구원모드선택스위치(RMS)
    - 1위치: VVVF & 쵸퍼 전기동차 ↔ VVVF & 쵸퍼 전기동차
    - 2위치: 4호선VVVF 전기동차 → AD저항제어 전기동차
    - 3위치: 디젤기관차 → 4호선VVVF 전기동차
    - 4위치: AD저항제어 전기동차 → 4호선VVVF 전기동차

※ 현재 4호선: 쵸퍼차는 없다.

[4호선 VVVF ↔ VVVF 구원운전회로]

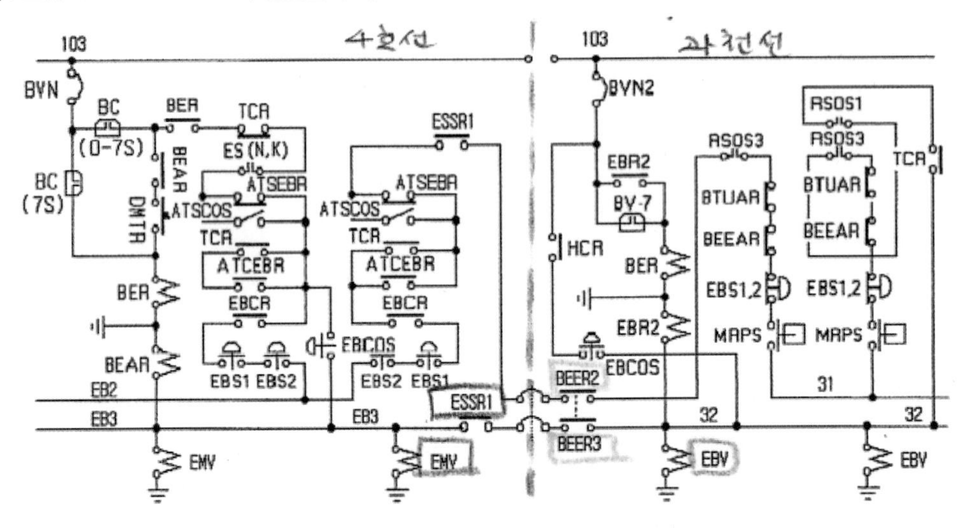

[비상제동 안전루프회로]

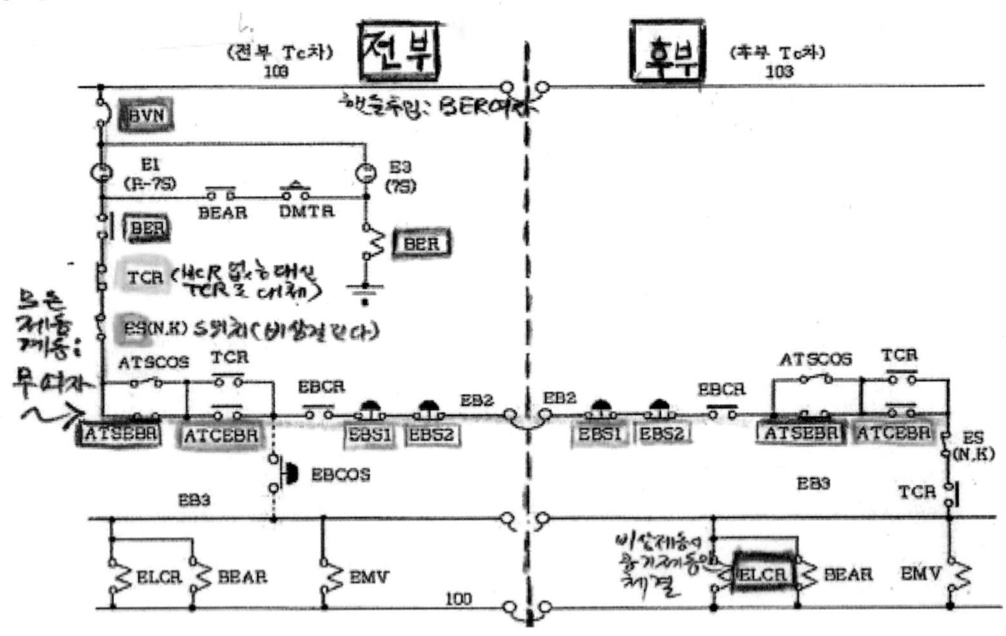

예제 다음 중 과천선VVVF 전기동차 구원운전법(과천선 VVVF ← 4호선 VVVF)의 설명으로 틀린 것은?

가. 구원모드선택스위치(RMS)에서1위치는 VVVF & 저항제어전기동차 ↔ VVVF & 저항제어전기동차

나. 고장열차 후부운전실에서 구원운전스위치(RSOS)를 과천선(분당선)위치로 절환

다. 구원열차(4호선VVVF)는 밀착연결기 마개제거(MR, BP, SAP)

라. 12JP 연결 및 주공기관(MR)관통

해설 구원모드선택스위치(RMS)에서1위치는 VVVF & 초퍼 전기동차 ↔ VVVF & 초퍼 전기동차

I. 고장열차(과천선VVVF)

① 마스콘(MC) 키 및 제동제어기(BC)핸들 취거

② 후부운전실에서 구원운전스위치(RSOS)를 과천선(분당선)위치로 절환

③ 연결기 마개제거(MR, BP, SAP)

④ 12JP 준비

⑤ 필요 시 103번 인통선 준비(0호대 12JP함 내 배치)

⑥ 전부운전실 ATSCOS취급(ATS차단)

II. 구원열차(4호선VVVF)

① 3m앞 일단정차

② 밀착연결기 마개제거(MR, BP, SAP)

③ 구원열차와 연결, 연결상태 확인

④ 제동제어기핸들(BC)취거

⑤ 비상스위치(ES): VVVF & 초퍼위치

⑥ 구원모드선택스위치(RMS): 1위치

⑦ ATCCOS, ATSCOS 차단취급

III. 공통사항

① 12JP 연결

② 주공기관(MR)관통

③ 제동제어기(BC)삽입 후 7단 유지

④ 부저동작 상태확인

⑤ 제동시험 후 관제사에게 보고 전도운전

제15장

교직절연구간에서 정차 시의 조치 요령·
교교절연구간에서 정차 시의 조치 요령

교직절연구간에서 정차 시의 조치 요령·교교절연구간에서 정차 시의 조치 요령

1. 교직절연구간에서 정차 시의 조치 요령

조치 45 교직절연구간에서 정차 시의 조치 요령

[교직절환구간 정차 시의 조치]

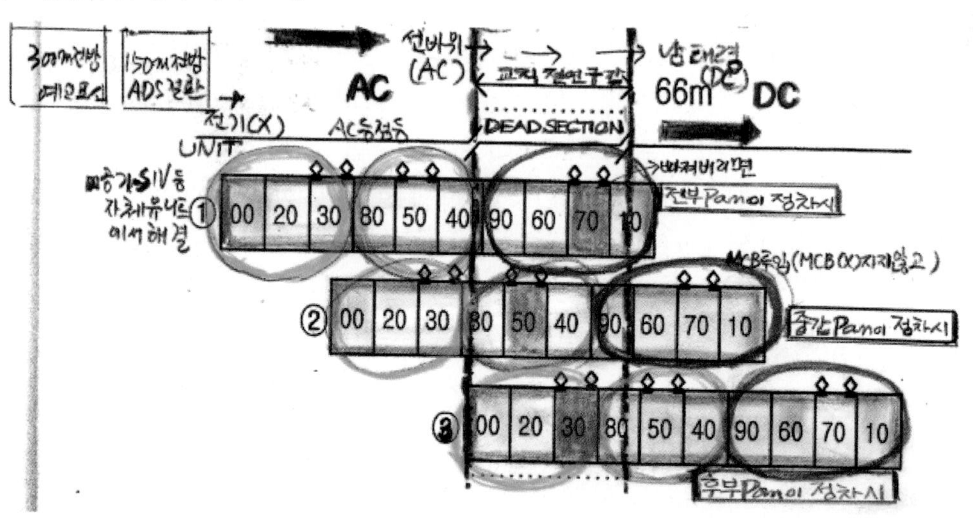

가. 최전부 Pan이 교직절연구간 내에 정차 시

(1) 현상

① AC등 점등(ADS전환하고나서 MCB만 OFF되었지 Pan은 상승 상태이므로 AC등 점등)
② MCB OFF 등 점등(ADS전환하면서 곧바로 MCB OFF)
③ SIV등 소등(MCB OFF이므로 SIV자동 소등)

(2) 조치

① 관제사 및 차장에 통보
② 관제사 퇴행승인 요청
③ 교직절환스위치(ADS) 절환 전 위치로 (AC위치) 이동
④ 전후진제어기 후방위치로 이동
⑤ 차장과 협의 후 퇴행
⑥ 후부운전실 전조등 점등 및 차장의 유도전호에 의하여 일정 위치까지 15km/h 이하의 속도로 퇴행(200m정도, 20－20초 퇴행)
⑦ 관제사 및 차장에게 통보 후 역전간 전방위치 후 제 역행취급으로 절연구간 통과

예제 **다음 중 과천선VVVF 전기동차의 전부 Pan이 교직절연구간 내에 정차 시 현상 및 조치로 맞는 것은?**

가. 교직절환스위치(ADS) 절환 전 위치로 (AC위치) 이동
나. 후부운전실 전조등 점등 및 차장의 유도전호에 의하여 일정 위치까지 15km/h 이하의 속도로 퇴행
다. 전후진제어기 후방위치로 이동
라. MCB ON 등 점등

해설 MCB OFF 등 점등

예제 **다음 중 과천선VVVF 전기동차 운행 중 전부 Pan이 교직(교류→직류)절연구간 내에 정차 시 현상 및 조치사항이 아닌 것은?**

가. MCB양소등 나. SIV등 소등
다. AC등 점등 라. 관제사에게 통보 퇴행승인 요청

해설 MCB양소등은 일어나지 않는다.

[현상]

① AC등 점등(ADS전환하고나서 MCB만 OFF되었지 Pan은 상승 상태이므로 AC등 점등)
② MCB OFF 등 점등(ADS전환하면서 곧바로 MCB OFF)
③ SIV등 소등(MCB OFF이므로 SIV자동 소등)

[조치]

① 관제사 및 차장에 통보
② 관제사 퇴행승인 요청
③ 교직절환스위치(ADS) 절환 전 위치로 (AC위치) 이동
④ 전후진제어기 후방위치로 이동
⑤ 차장과 협의 후 퇴행
⑥ 후부운전실 전조등 점등 및 차장의 유도전호에 의하여 일정 위치까지 15km/h 이하의 속도로 퇴행 (200m 정도, 20-20초 퇴행)
⑦ 관제사 및 차장에게 통보 후 역전간 전방위치 후 제 역행취급으로 절연구간 통과

예제 **다음 중 과천선VVVF 전기동차가 교직절연구간(선바위→남태령)전방에서 ADS를 절환하고 비상제동이 체결되어 전부 유니트 Pan이 절연구간 전방에서 정차 시 현상 및 조치사항으로 틀린 것은?**

가. 관제사 및 차장에 통보하고 퇴행승인을 요청한다.
나. 전후진제어기(역전간)를 후방위치로 절환하면 ATC 15모드(mode)가 현시된다.
다. 퇴행승인을 받은 후 ADS를 다시 교류 측으로 절환한 다음 MCBOS→MCBCS를 취급한다.
라. 후부운전실 전조등을 점등하고 차장의 유도전호에 의하여 일정위치까지 15km/h 이하로 퇴행한다.

해설 'MCBOS→MCBCS를 취급한다.'는 맞지 않다.

나. 중간Pan이 교직절연구간 내에 정차 시

[교직절환구간 정차 시의 조치]

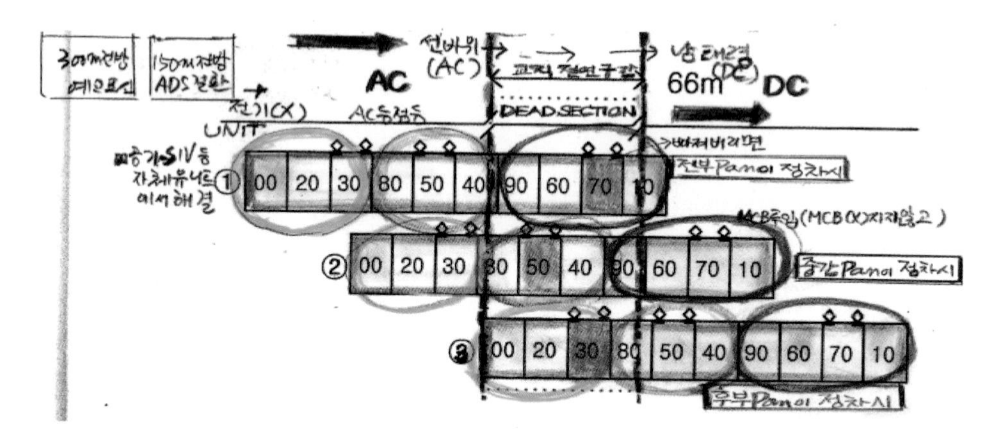

(1) 현상

① MCB양소등(중간 MCB들어오지도 않고 MCB나가지도 않는 양소등 현상)

② 직류전차선 전원표시등(DCV) 점등(앞쪽)

③ 교류전차선 전원 표시등(ACV) 점등(뒤쪽)

④ 보조전원장치(SIV)등 점등(앞쪽 SIV살아 있으므로)

※ 최전부Pan이 정차 시 뒤로 가지만, 중간Pan이 정차 시는 앞쪽(DC구간)은 출력이 발생되므로 동력위치에 있게 된다(뒤쪽 8선 DC는 출력이 안 들어오지만).

(2) 조치

① 관제사 및 차장에 통보

② 그대로 인출하여 전도운전

예제 다음 중 과천선VVVF 전기동차의 중간 Pan이 교직절연구간 내에 정차 시 현상으로 맞는 것은?

가. MCB양소등

나. 직류전차선 전원표시등(DCV) 점등

다. 보조전원장치(SIV)등 점등

라. 교류전차선 전원 표시등(ACV) 소등

해설 교류전차선 전원 표시등(ACV) 점등

[현상]

- MCB양소등(중간 MCB들어오지도 않고 MCB나가지도 않는 양소등 현상)
- 직류전차선 전원표시등(DCV) 점등(앞쪽)
- 교류전차선 전원 표시등(ACV) 점등(뒤쪽)
- 보조전원장치(SIV)등 점등(앞쪽 SIV살아 있으므로)

예제 다음 중 과천선VVVF 전기동차의 중간 Pan이 교직절연구간 내에 정차 시 현상으로 틀린 것은?

가. MCB양소등
나. 직류전차선 전원표시등(DCV) 점등
다. 보조전원장치(SIV)등 점등
라. 교류전차선 전원 표시등(ACV) 소등

해설 '보조전원장치(SIV)등 점등'이 맞다.

예제 과천선VVVF 전기동차 운행 도중 중간 Pan이 교직절연구간 내에 정차 시 현상으로 맞는 것은?

가. SIV등 소등
나. 직류전차선전원표시등(DCV)점등
다. 교류전차선전원표시등(ACV)소등
라. MCB소등

해설 **[중간 Pan이 교직절연구간 내에 정차 시 현상]**

- MCB양소등
- ACV, DCV등 점등
- SIV등 점등

다. 후부Pan이 교직절연구간 내에 정차 시

(1) 현상

① MCB양소등

② 직류전차선 전원표시등(DCV)점등(지나 왔으므로ADV등과는 관계가 없다)

③ 보조전원장치(SIV)등 점등(앞쪽, 중간 SIV는 살아 있으므로)

(2) 조치

① 관제사 및 차장에 통보

② 그대로 인출하여 전도운전

2. 교교절연구간에서 정차 시의 조치 요령

조치 46 교교절연구간에서 정차 시의 조치 요령

[교교절환구간 정차 시의 조치]

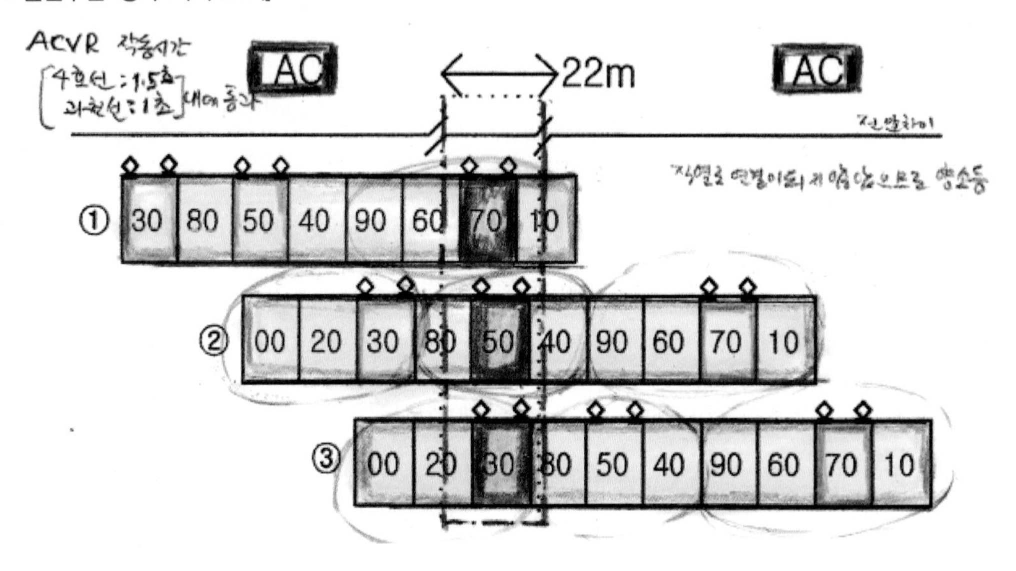

가. 최전부 Pan이 교교절연구간 내에 정차 시

(1) 현상

① MCB양소등 AC등 점등, SIV등 점등

② 해당 유니트 객실AC등 소등 및 냉난방 불능(M′차가 걸려있으므로)

(2) 조치

① 관제사 및 차장에 통보

② 관제사에게 퇴행승인 요청

③ 퇴행승인 및 차장 전호에 의해 –차장과 협의하여 25km/h 이하의 속도로 주의운전으로 퇴행

④ 정차 후 MCBOS 및 MCBCS취급 전도운전

※ 교직절연구간: 15km/h 속도 퇴행

※ 교교절연구간: 25km/h 속도 퇴행

나. 중간Pan이 교교절연구간 내에 정차 시

(1) 현상

① MCB양소등

② 해당 유니트 객실AC등 소등 및 냉난방 불능(M′차가 걸려있으므로)

(2) 조치

① 맨 후부 유니트 배전반 내 ADAN, ADDN, PanVN OFF후 객실등 소등확인(다른 위상의 전압이 들어오면 안되므로 ADAN, ADDN, PanVN OFF시킨다)

② 현장 발차

③ 최근역 도착 후 해당차 PanVN ON, ADAN, ADDN ON

④ MCBOS → MCBCS취급 전도운전(그대로 역행)

[교교절환구간 정차 시의 조치]

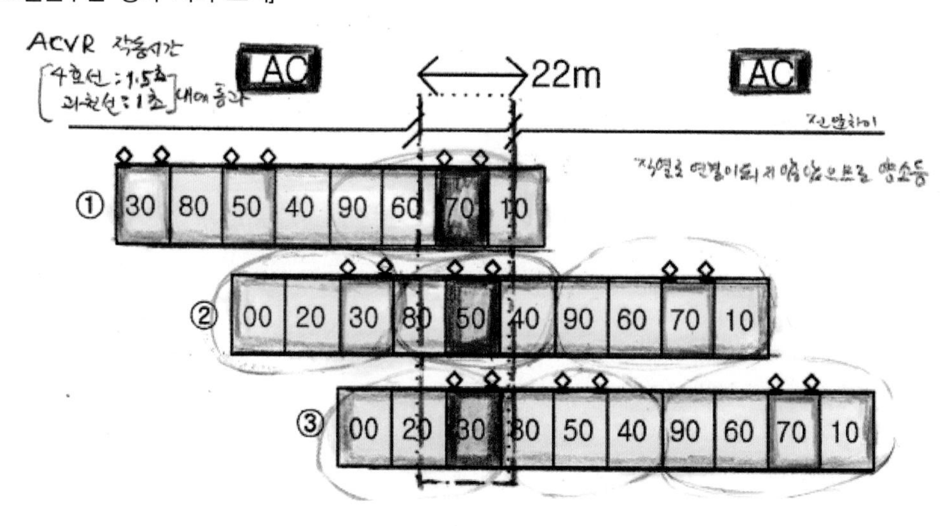

예제 **다음 중 과천선VVVF 전기동차의 중간 Pan이 교교절연구간 내에 정차 시 현상 및 조치에 대한 설명으로 틀린 것은?**

가. 전 차량 냉난방 불능

나 맨 후부 유니트 배전반 내 ADAN, ADDN, PanVN ON 후 객실등 소등확인

다. 최근역 도착 후 해당차 PanVN ON, ADAN, ADDN ON

라. MCBOS → MCBCS취급 전도운전

해설 맨 후부 유니트 배전반 내 ADAN, ADDN, PanVN OFF후 객실등 소등확인

다. 후부Pan이 교교절연구간 내에 정차 시 (후부 정차: 그대로 역행)

(1) 현상

① MCB양소등

② 해당 유니트 객실AC등 소등 및 냉난방 불능(M′차가 걸려있으므로)

(2) 조치

① 그대로 역행하여 인출

② 절연구간 통과 후 MCBOS → MCBCS취급 전도운전

예제 **다음 중 과천선VVVF 전기동차의Pan이 교교절연구간 내에 정차 시 현상 및 조치에 대한 설명으로 틀린 것은?**

가. 후부Pan이 교교절연구간 내에 정차 시 MCB양소등

나. 후부Pan이 교교절연구간 내에 정차 시 맨 후부 유니트 배전반 내 ADAN, ADDN, PanVN OFF 후 객실등 소등확인

다. 최전부 Pan이 교교절연구간 내에 정차 시 해당 유니트 객실AC등 소등 및 냉난방 불능

라. 중간Pan이 교교절연구간 내에 정차 시 MCBOS → MCBCS취급 전도운전

해설 중간Pan이 교교절연구간 내에 정차 시 맨 후부 유니트 배전반 내 ADAN, ADDN, PanVN OFF 후 객실등 소등확인

예제 **다음 중 과천선VVVF 전기동차의Pan이 교교절연구간 내에 정차 시 퇴행 승인 및 차량전호에 의해 퇴행할 수 있는 속도로 맞는 것은?**

가. 15km/h 이하의 속도로 적당지점까지 퇴행

나. 25km/h 이하의 속도로 적당지점까지 퇴행

다. 45km/h 이하의 속도로 적당지점까지 퇴행

라. 65km/h 이하의 속도로 적당지점까지 퇴행

해설 교교절연구간 내에 정차 시 퇴행 승인이 있으면 25km/h 이하의 속도로 적당지점까지 퇴행한다.

제16장

각종 회로차단기 Trip시 현상

각종 회로차단기 Trip시 현상

조치 47 각종 회로차단기 Trip시 현상

시험 출제
1. 과천선(2개)
   - ATSN1: 비상제동 체결
   - ATSN2: 비상제동 체결 안 될 시(ATSN2 차단하면 비상제동 체결)
2. 4호선(3개)
   - ATSN1과ATSN2 → 과천선 ATSN1역할
   - ATSN3 → 과천선 ATSN2역할

※ ATCPSN(NFB for ATC Power Supply: ATC전원공급회로차단기)

[ATCN, ATCPSN차단] (2개 중 하나 떨어지면 → 비상제동)

※ ATCPSN(NFB for ATC Power Supply: ATC전원공급회로차단기)

① 비상제동 동작(ATCN이 전압 등을 너무 많이 소비하므로 차단한다)

② 역행 불능

③ 정차 후 출입문 개문 불능 (꼭 기억하기! (시험문제))

④ 정차 중 운전경계장치 동작 (꼭 기억하기! (시험문제))

⑤ ADU무현시

※ 과천선: 출입문, 운전경계장치(DSD) → 2ro 기능 추가(4호선에 비해)

예제 **다음 중 과천선VVVF 전기동차의 ATCN, ATCPSN트립 시 현상 및 조치에 대한 설명으로 틀린 것은?**

가. 비상제동 체결 불능
나. 정차 후 출입문 개문 불능
다. 정차 중 운전경계장치 동작
라. ADU무현시

해설 ATCN, ATCPSN트립 시 비상제동 동작

예제 **다음 중 과천선VVVF 전기동차의 ATCN트립 시 현상으로 틀린 것은?**

가. 정차 중 운전경계장치 동작
나. 징차 후 출입문 개문 불능
다. 역행불능
라. ADU현시

해설 'ADU무현시'가 맞다.

[ATCN트립 시 현상]

- 비상제동 동작(ATCN이 전압 등을 너무 많이 소비하므로 차단한다)
- 역행 불능
- 정차 후 출입문 개문 불능(꼭 기억하기!(시험문제))
- 정차 중 운전경계장치 동작(꼭 기억하기!(시험문제))
- ADU무현시

[BVN1, BVN2 차단]

※ BVN(NFB for Blake Valve: 제동제어회로차단기)

※ BVN1: DSD, ZVR 계통

※ 4호선: BVN만 있다.

※ BVN고장나면: EBCOS 작동이 안 된다.

① 비상제동 동작

② 모니터 "비상제동 동작" 자막 현시

[IVCN차단]

※ IVCN(NFB for Inverter Control: 인버터제어회로차단기)

① 모니터에 "SIV 통신 이상" 자막 현시

② AC구간에서 해당 유니트 MCB차단(Converter → DC1,800V전기가 나오므로 MCB차단)

예제 IVCN OFF하면 모니터에 "SIV 통신 이상"이 현시된다.

정답 (O)

[HCRN차단]

※ HCRN(NFB for Head Control Relay: 전부차제어계전기회로차단기)

※ 기관사 있는 쪽: 역행, 비상, ATS, ATC 등 관리

※ ACM: 최초 기동 시 구동하지만 HCRN과 관계없이 구동

① 최초 기동 시 ACM구동불능, Pan상승불능, MCB투입불능

② HCR1-4무여자로 비LOOP회로 구성불능(비상제동체결)

③ HCR1 계전기 접점불량으로 DIR1,2여자불능(DOOR등 점등 및 역행불능)

④ HCR4 접점이 접촉불능(ATC/ATS절환불능)

⑤ HCR2 접점이 접촉불능(ATS구성불능)

예제 **다음 중 과천선VVVF전기동차 HCRN트립 시 현상으로 틀린 것은?**

가. 최초 기동 시 ACM구동불능

나. HCR1 계전기 접점불량으로 DIR1,2여자불능

다. HCR4 접점이 접촉불량으로 ATC구성불능

라. HCR1-HCR4 무여자로 비상제동체결

해설 HCR4 접점이 접촉불량으로 ATC/ATS절환불능

예제 **다음 중 과천선VVVF전기동차 HCRN트립 시 현상으로 틀린 것은?**

가. HCR1-4무여자로 비상제동LOOP회로 구성 불능(비상제동체결)

나. HCR1 계전기 접점불량으로 DIR1,2여자불능(DOOR등 점등 및 역행불능)

다. ATC속도표시계에 15신호 점등 및 5초마다 경고음 발생

라. HCR1-HCR4 무여자로 비상제동체결

해설 ATC속도표시계에 15신호 점등 및 8초마다 경고음 발생

예제 다음 중 과천선VVVF전기동차 HCRN트립 시 현상으로 틀린 것은?

가. HCR1-HCR4 여자로 비상제동체결

나. HCR1 계전기 접점불량으로 DIR1,2여자불능

다. HCR4 접점이 접촉불량으로 ATC/ATS절환불능

라. HCR2 접점이 접촉불능(ATS구성불능)

해설 'HCR1-HCR4 무여자로 비상제동체결'이 맞다.

예제 다음 중 과천선VVVF 전기동차의 HCRN트립 시 현상으로 틀린 것은?

가. HCR1 계전기 접점불량으로 DIR1,2여자불능

나. HCR4 접점이 접촉불능(ATC/ATS절환불능)

다. HCR2 접점이 접촉불능(ATS구성불능)

라. 최초 기동 시 ACM구동불능, Pan상승불능, MCB투입불능

해설 **[HCRN트립 시 현상]**

① 최초 기동 시 ACM구동불능, Pan상승불능, MCB투입불능
② HCR1-4무여자로 비LOOP회로 구성불능(비상제동체결)
③ HCR1 계전기 접점불량으로 DIR1,2여자불능(DOOR등 점등 및 역행불능)
④ HCR3 접점이 접촉불능(ATC/ATS절환불능)
⑤ HCR2 접점이 접촉불능(ATS구성불능)
⑥ HCR4 접점이 접촉불능(ATC/ATS절환불능)

[MCN차단]

※ MCN(NFB for Master Controller: 주간제어기회로차단기)

① 기동 시 Pan상승불능 및 MCB투입 불능

② 운행 중 전체 MCB차단

[MTOMN차단]

※ MTOMN(NFB for MT Oil Motor: 주변압기오일펌프회로차단기)

– 모니터에 "주변압기냉각기정지" 현시(고장차 MTAR 여자로 MCB차단, 차측백색등 점등)

※ MT고장 → MTAR여자 → MCB차단

※ MCB차단 및 SIV 고장 → 차측 백색등 점등

[PanDN차단]

－EPanDS, EGCS 동작불능

※ PanDN차단 → EPanDS복귀불능

※ BatKN1 → PanDS 공급한다.

[DILPN차단]

※ DILPN(NFB for Door Indicator Pilot Lamp: 발차지시등회로차단기)

① 전부DILPN차단: DOOR등 점등불능, 역행가능

② 후부DILPN차단: DOOR등 점등불능, 역행불능(DIRS(Door Interlock Relay: 출입문비연동계전기)취급하고 간다)

[DLPN차단] (차측지시등: 보여주기만 하는 등)

※ DLPN(NFB for "Door Lamp": 출입문차측지시등회로차단기)

① 해당차 차측등 점등불능, 모니터에 출입문 동작상태 미현시

② 해당차 출입문 반감회로 구성불능(외우기!)

[ATN차단]

※ ATN(NFB for "Aux. Transformer": 보조변압기회로차단기) → 객실냉난방등 SCN계통으로 보조장치

－해당차 AC객실등 소등 및 냉난방 불능

[MCBN1차단]

※ MCBN1(NFB for "Main Circuit Breaker": 주회로차단기회로차단기) → 교류

① 교직절환(AC → DC) 순간 해당차MCB 차단 불능

② 전동차 기동 시 해당차 MCB투입불능

※ 교류: ADAN MCBN1

※ 직류: ADDN MCBN2

[MCBN2차단]

－직류구간 해당차 Pan 하강

[후부차 PLPN차단]

※ PLPN(NFB for "Pilot Lamp": 지시등회로차단기)

–Power등 MCB ON등 MCB OFF등 소등(3개 직열 연결)

※ MCB3여자: 모두 소등

[BCN과 VN차단]

※ BCN(NFB for "Brake Control": 제동제어회로차단기)

※ VN(NFB for "Voltmeter": 전압계회로차단기)

–BCN: 축전지 충전 불능으로 축전지 전압 강하

–VN: 축전지 전압 현시불능

예제 **다음 중 과천선 VVVF 전기동차 각종 회로차단기 트립(Trip)시 현상에 대한 설명으로 틀린 것은?**

가. MCN 트립 시 운행 중 전체 MCB차단

나. PanDN 트립 시 EPanDS, EGCS동작 불능

다. VN트립 시 축전지 충전 불능으로 축전지 전압 강하

라. MTOMN트립 시 MCB차단 및 SIV 고장으로 차측 백색등 점등

해설 BCN트립 시 축전지 충전 불능으로 축전지 전압 강하

예제 **다음 중 과천선 VVVF 전기동차 각종 회로차단기 트립(Trip)시 현상에 대한 설명으로 틀린 것은?**

가. ATCN, ATCPSN 트립 시 정차 중 운전경계장치 동작

나. BVN1, BVN2 트립 시 비상제동 동작

다. PanDN 트립 시 EPanDS 동작

라. 운행 중 MCN 트립 시에는 전체 MCB차단

해설 PanDN동작 시 EPanDS 동작 불능

예제 **다음 중 과천선 VVVF 전기동차 각종 회로차단기 트립(Trip)시 현상에 대한 설명으로 틀린 것은?**

가. MTOMN트립 시 고장차 MTAR여자로 MCB 차단, 차측백색등 점등

나. ECON트립으로 제동취급 시 구동차 회생제동, 공기제동 및 부수차 공기제동이 불능되며 비상제동 가능

다. CIN트립 시 MCBOR 무여자로MCB 차단, 차측백색등 점등

라. ATN트립되어 BVN1 트립 시에는 EMR1,2 여자로 비상제동 체결

해설 'ATN(NFB for Aux. Transformer: 보조변압기회로차단기)트립되어 BVN1 트립 시에는 EMR1,2 무여자로 비상제동 체결'이 맞다.

예제 **다음 중 과천선 VVVF 전기동차 각종 회로차단기 트립(Trip)시 현상에 대한 설명으로 틀린 것은?**

가. BVN1 트립 시 모니터에 '비상제동동작' 현시

나. MCBN1 트립 시 MCB차단됨

다. PanDN트립 시 EGCS동작 불능

라. DLPN트립 시 해당차 출입문 반감회로 구성 불능

해설 'MCBN1 트립 시 MCB 및 차단회로 구성 불능'이 맞다.

예제 **다음 중 과천선 VVVF 전기동차 각종 회로차단기 트립(Trip)시 현상에 대한 설명으로 틀린 것은?**

가. BVN1 트립 시 모니터에 '비상제동동작' 현시

나. ATCN, ATCPSN 트립 시 정차 중 운전경계장치 동작

다. DLPN트립 시 해당차 출입문 반감회로 구성

라. BCN트립 시 축전지 충전불능으로 축전지 전압 강하

해설 'DLPN트립 시 해당차 출입문 반감회로 구성 불능'이 맞다.

[DLPN트립]

- 해당차 차측등 점등불능, 모니터에 출입문 동작상태 미현시
- DLPN트립 시 해당차 출입문 반감회로 구성 불능

과천선 VVVF전기동차 47개 고장 시 조치법과 관련된 추가 예상문제

예제 **다음 중 과천선 VVVF 전기동차 고장 조치에 대한 설명으로 맞지 않는 것은?**

가. 전차선 단전인 경우에는 Pan이 상승되어 있어도 모니터상에 Pan 하강상태로 표시된다.

나. T1차 ESS는 평상 시에는 1위치로 되어있다.

다. IVCN이 차단되면 모니터상에 "SIV통신이상"이 현시된다.

라. EGS동작 시 MCB투입순간 전차선 단전이 발생된다.

해설 EGCS동작 시 Pan 상승 순간 전차선이 단선이 된다.

예제 **다음 중 과천선 VVVF 전기동차 교류모진 시 현상이 아닌 것은?**

가. DCArr 방전으로 전차선 단전

나. AC등 소등 MCB OFF등 및 차측백색등, Fault등 점등

다. 모니터에 교류(AC)과전류 1차"현시

라. 비상제동 체결

해설 '비상제동 체결'은 교류모진 시 현상이 아니다.

예제 **다음 중 과천선 VVVF 전기동차 TC차 ECON ON 취급 시 동작 불능일 때 확인하여야 하는 NFB로 맞는 것은?**

가. 전, 후부 TC차 및 T1차 IVCN 확인

나. 전, 후부 TC차 및 T1차 PanDN 확인

다. 전, 후부 TC차 및 T1차 BatN2 확인

라. 전, 후부 TC차 및 T1차 BatN1 확인

해설 '전, 후부 TC차 및 T1차 BatN1 확인'이 맞다.
ECON(NFB for Emergency Operation Control: 비상운전제어회로차단기)

예제 **다음 중 과천선 VVVF 전기동차 연장급전 취급시기가 아닌 것은?**

가. M'차 주변환기(C/I) 고장 시

나. SIV고장 시

다. 완전부동 취급 시

라. CM고장 시

해설 CM은MR압력을 제공하기 위한 기기로 연장급전의 대상이 아니다.

[연장급전 취급시기]

① 완전부동 취급 시

② SIV고장 시

③ M'차 주변환기(C/I) 고장 시

예제 **다음 중 고장 발생 시Fault 등 및 차측 백색등이 점등되는 경우로 틀린 것은?**

가. L1차단기 트립으로 L1FR여자 시

나. 주변환기 계통 고장으로 인한 MTAR여자 시

다. SIV고장으로 SIVFR 여자 시

라. 교류모진 및 MCB절연불량으로 ArrOCR여자 시

해설 '주변압기 계통 고장으로 인한 MTAR여자 시'가 맞다.

[고장 발생 시Fault 등 및 차측 백색등이 점등되는 경우]

- 공기압축기 고장으로 EOCR여자 시
- SIV고장으로 SIVFR 여자 시
- 주변환기 고장으로 CIFR여자 시
- L1차단기 트립으로 L1FR여자 시
- 교류모진 및 MCB절연불량으로 ArrOCR여자 시
- 주변압기 1차측 과전류에 의한 ACOCR여자 시
- 주변압기 계통 고장으로 인한 MTAR여자 시

예제 **다음 중 과천선 VVVF 전기동차에 대한 내용으로 적합하지 않은 것은?**

가. 후부운전실 Test 스위치 동작 확인

나. 운행 중 전차선 단전 시 모니터에는 Pan 하강으로 표시

다. 일부 차량 Pan상승 불능 시 해당M차의 Pan코크 4개 확인

라. 제동 핸들 삽입 후 축전지전압계만 "0"V현시

해설 전후부운전실 Test 스위치 동작 확인

예제 **다음 중 과천선 VVVF 전기동차 고장 시 조치에 대한 설명으로 맞는 것은?**

가. BC삽입 후 축전지전압계 70V 이하 현시되는 경우는 TC배전반 VN확인

나. 교류구간 운행 시 Pan하강 시 해당 TC차 MCBN2트립 여부 확인

다. EGS동작 시 Pan상승 불능 원인은 EGCR a 접점이 Pan하강회로인 108선에 삽입되어 있기 때문

라. 교직절연구간에서 교직절환 후 MCB ON 등이 계속 점등될 경우 2선에 문제 있을 때이다.

해설 가. BC 삽입 후 축전지전압계 “0”V 이하 현시되는 경우는 TC배전반 VN확인

나. 직류구간 운행 시 Pan하강 시 해당 TC차 MCBN2트립 여부 확인

다. EGS동작 시 Pan상승 불능 원인은 EGCR b접점이 Pan상승회로인 108선에 삽입되어 있기 때문임

예제 **다음 중 과천선 VVVF 전기동차 교직절연구간(AC → DC) 내에 전부Pan이 정차하였을 때 현상 및 조치로 맞는 것은?**

가. MCB 양소등, AC등 점등, SIV등 점등

나. 관제사 및 차장에게 통보 후 ADS DC위치

다. 후부운전실 차장의 유도전호에 의해 일정위치까지 25km/h 이하의 속도로 퇴행

라. 관제사에게 통보 후 역전 간 전방에 위치한 후 재역행 취급하여 절연구간 통과

해설 **[교직절연구간(AC → DC) 내에 전부Pan이 정차하였을 때 현상 및 조치]**

① 현상: MCB OFF등, AC등 점등, SIV등 소등

② 조치

- 관제사 및 차장에게 통보 후 ADS AC위치(MCB자동 투입)
- 후부운전실 전조등 점등 및 차장의 유도전호에 의해 일정위치까지 15km/h 이하의 속도로 퇴행
- 관제사 및 차장에게 통보 후 역전 간 전방에 위치한 후 재역행 취급하여 절연구간 통과

예제 **다음 중 과천선 VVVF 전기동차 공기압축기 안전변 동작압력으로 맞는 것은?**

가. 9.0kg/㎠ 나. 9.2kg/㎠

다. 9.7kg/㎠ 라. 9.8kg/㎠

해설 압축공기가 9.7kg/㎠까지 상승되면 안전변이 분출된다.

예제 **다음 중 과천선 VVVF 전기동차 보조전원장치(SIV)의 고장조치에 대한 설명 중 맞는 것은?**

가. SIV가 정지되면 APR 무여자에 의해 송풍기 정지 현시

나. IVCN을 OFF하여 연장급전하면 모니터에 "SIV통신이상" 현시되지 않는다.

다. 송풍기 고장 현상 발생 시 해당차 IVCN확인

라. 모니터에 SIV통신이상 발생 시 M'차 배전반 내 AMCN 확인

해설 나. IVCN을 OFF하여 연장급전하면 모니터에 "SIV통신이상" 현시된다.

다. 송풍기 고장 현상 발생 시 M'차 배전반 내 AMCN확인

라. 모니터에 SIV통신이상 발생 시 해당차 배전반 내 IVCN 확인

- APR(Air Pressure Relay: 주회로가압스위치)
- AMCN(NFB for Aux. Machine Control: 보조기기제어회로차단기)
- IVCN(NFB for Inverter Control: 인버터제어회로차단기)

예제 **다음 중 과천선 VVVF 전기동차에 관한 설명으로 틀린 것은?**

가. 전체 객실등 소등 시 즉시 전부운전실의 객실등 스위치 LPCS를 ON취급한다.

나. 전자기적이 계속하여 울릴 경우 운전실 배전반의 EAN을 확인한다.

다. 모니터 고장 시는 운전실 배전반 내 MON과 MOAN을 확인한다.

라. 전체 송풍기 구동 불능 시 전부 TC차 FLFCN을 확인한다.

해설 전체 송풍기 구동 불능 시 후부 TC차 FLFCN을 확인한다.

- LPCS(Lamp Control Switch: 객실등제어스위치)
- EAN(NFB for Emergency Alarm: 전자기적차단기)
- FLFCN(NFB for Filter Reactor Fan: 필터리엑터송풍기회로차단기)

[국내문헌]

곽정호, 도시철도운영론, 골든벨, 2014.

김경유·이항구, 스마트 전기동력 이동수단 개발 및 상용화 전략, 산업연구원, 2015.

김기화, 김현연, 정이섭, 유원연, 철도시스템의 이해, 태영문화사, 2007.

박정수, 도시철도시스템 공학, 북스홀릭, 2019.

박정수, 열차운전취급규정, 북스홀릭, 2019.

박정수, 철도관련법의 해설과 이해, 북스홀릭, 2019.

박정수, 철도차량운전면허 자격시험대비 최종수험서, 북스홀릭, 2019.

박정수, 최신철도교통공학, 2017.

박정수·선우영호, 운전이론일반, 철단기, 2017.

박찬배, 철도차량용 견인전동기의 기술 개발 현황. 한국자기학회 학술연구발 표회 논문개요집, 28(1), 14－16. [2], 2018.

박찬배·정광우. (2016). 철도차량 추진용 전기기기 기술동향. 전력전자학회지, 21(4), 27－34.

백남욱·장경수, 철도공학 용어해설서, 아카데미서적, 2003.

백남욱·장경수, 철도차량 핸드북, 1999.

서사범, 철도공학, BG북갤러리 ,2006.

서사범, 철도공학의 이해, 얼과알, 2000.

서울교통공사, 도시철도시스템 일반, 2019.

서울교통공사, 비상시 조치, 2019.

서울교통공사, 전동차구조 및 기능, 2019.

손영진 외 3명, 신편철도차량공학, 2011.

원제무, 대중교통경제론, 보성각, 2003.

원제무, 도시교통론, 박영사, 2009.

원제무 · 박정수 · 서은영, 철도교통계획론, 한국학술정보, 2012.
원제무 · 박정수 · 서은영, 철도교통시스템론, 2010.
이종득, 철도공학개론, 노해, 2007.
이현우 외, 철도운전제어 개발동향 분석 (철도차량 동력장치의 제어방식을 중심으로), 2018.
장승민 · 박준형 · 양진송 · 류경수 · 박정수. (2018). 철도신호시스템의 역사 및 동향분석. 2018.
한국철도학회 학술발표대회논문집, , 46－5276호, 국토연구원, 2008.
한국철도학회, 알기 쉬운 철도용어 해설집, 2008.
한국철도학회, 알기쉬운 철도용어 해설집, 2008.
KORAIL, 운전이론 일반, 2017.
KORAIL, 전동차 구조 및 기능, 2017.

[외국문헌]

Álvaro Jesús López López, Optimising the electrical infrastructure of mass transit systems to improve the
use of regenerative braking, 2016.
C. J. Goodman, Overview of electric railway systems and the calculation of train performance 2006
Canadian Urban Transit Association, Canadian Transit Handbook, 1989.
CHUANG, H.J., 2005. Optimisation of inverter placement for mass rapid transit systems by immune
algorithm. IEE Proceedings －－ Electric Power Applications, 152(1), pp. 61－71.
COTO, M., ARBOLEYA, P. and GONZALEZ－MORAN, C., 2013. Optimization approach to unified AC/
DC power flow applied to traction systems with catenary voltage constraints. International Journal of
Electrical Power & Energy Systems, 53(0), pp. 434
DE RUS, G. a nd NOMBELA, G., 2 007. I s I nvestment i n H igh Speed R ail S ocially P rofitable? J ournal of
Transport Economics and Policy, 41(1), pp. 3－23
DOMÍNGUEZ, M., FERNÁNDEZ－CARDADOR, A., CUCALA, P. and BLANQUER, J., 2010. Efficient
design of ATO speed profiles with on board energy storage devices. WIT Transactions

on The Built
Environment, 114, pp. 509-520.
EN 50163, 2004. European Standard. Railway Applications－Supply voltages of traction systems.
Hammad Alnuman, Daniel Gladwin and Martin Foster, Electrical Modelling of a DC Railway System with
Multiple Trains.
ITE, Prentice Hall, 1992.
Lang, A.S. and Soberman, R.M., Urban Rail Transit; 9ts Economics and Technology, MIT press, 1964.
Levinson, H.S. and etc, Capacity in Transportation Planning, Transportation Planning Handbook
MARTÍNEZ, I., VITORIANO, B., FERNANDEZ－CARDADOR, A. and CUCALA, A.P., 2007. Statistical dwell
time model for metro lines. WIT Transactions on The Built Environment, 96, pp. 1－10.
MELLITT, B., GOODMAN, C.J. and ARTHURTON, R.I.M., 1978. Simulator for studying operational
and power－supply conditions in rapid－transit railways. Proceedings of the Institution of Electrical
Engineers, 125(4), pp. 298－303
Morris Brenna, Federica Foiadelli, Dario Zaninelli, Electrical Railway Transportation Systems, John Wiley &
Sons, 2018
ÖSTLUND, S., 2012. Electric Railway Traction. Stockholm, Sweden: Royal Institute of Technology.
PROFILLIDIS, V.A., 2006. Railway Management and Engineering. Ashgate Publishing Limited.
SCHAFER, A. and VICTOR, D.G., 2000. The future mobility of the world population. Transportation
Research Part A: Policy and Practice, 34(3), pp. 171-205. · Moshe Givoni, Development and Impact of

the Modern High-Speed Train: A review, Transport Reciewsm Vol. 26, 2006.
SIEMENS, Rail Electrification, 2018.
Steve Taranovich, Electric rail traction systems need specialized power management, 2018
Vuchic, Vukan R., Urban Public Transportation Systems and Technology, Pretice-Hall Inc., 1981.
W. F. Skene, Mcgraw Electric Railway Manual, 2017

[웹사이트]

한국철도공사 http://www.korail.com
서울교통공사 http://www.seoulmetro.co.kr
한국철도기술연구원 http://www.krii.re.kr
한국개발연구원 http://www.kdi.re.kr
한국교통연구원 http://www.koti.re.kr
서울시정개발연구원 http://www.sdi.re.kr
한국철도시설공단 http://www.kr.or.kr
국토교통부: http://www.moct.go.kr/
법제처: http://www.moleg.go.kr/
서울시청: http://www.seoul.go.kr/
일본 국토교통성 도로국: http://www.mlit.go.jp/road
국토교통통계누리: http://www.stat.mltm.go.kr
통계청: http://www.kostat.go.kr
JR동일본철도 주식회사 https://www.jreast.co.jp/kr/
철도기술웹사이트 http://www.railway-technical.com/trains/

색인

A

B

C

D

E

F

ㅊ

ㅎ

기타

저자소개

원제무

원제무 교수는 한양 공대와 서울대 환경대학원을 거쳐 미국 MIT에서 교통공학 박사학위를 받고, KAIST 도시교통연구본부장, 서울시립대 교수와 한양대 도시대학원장을 역임한 바 있다. 도시교통론, 대중교통론, 도시철도론, 철도정책론 등에 관한 연구와 강의를 진행해 오고 있다. 최근에는 김포대 철도경영과 석좌교수로서 전동차 구조 및 기능, 철도운전이론, 철도관련법 등을 강의하고 있다.

서은영

서은영 교수는 한양대 경영학과, 한양대 공학대학원 도시SOC계획 석사학위를 받은 후 한양대 도시대학원에서 '고속철도개통 전후의 역세권 주변 토지 용도별 지가 변화 특성에 미치는 영향 요인분석'으로 도시공학박사를 취득하였다. 그동안 철도정책, 도시철도시스템, 철도관련법, SOC개발론, 도시부동산투자금융 등에도 관심을 가지고 연구논문을 발표해 오고 있다.
현재 김포대학교 철도경영과 학과장으로 철도정책, 철도관련법, 도시철도시스템, 철도경영, 서비스 브랜드 마케팅 등의 과목을 강의하고 있다.

철도 비상 시 조치 II

초판발행 2021년 5월 30일

지은이 원제무 · 서은영
펴낸이 안종만 · 안상준

편 집 전채린
기획/마케팅 이후근
표지디자인 이미연
제 작 고철민 · 조영환

펴낸곳 (주) 박영사
서울특별시 금천구 가산디지털2로 53, 210호(가산동, 한라시그마밸리)
등록 1959. 3. 11. 제300-1959-1호(倫)
전 화 02)733-6771
f a x 02)736-4818
e-mail pys@pybook.co.kr
homepage www.pybook.co.kr
ISBN 979-11-303-1304-7 93550

정 가 20,000원